小学 5 年

分野別 算数ドリル

⑤

単位量あたり

清風堂書店

本シリーズの特色＆使い方

　小学校で習う算数には、いろいろな分野があります。

　計算の分野なら、たし算・ひき算・かけ算・わり算などの四則計算があり、4年生ぐらいで一通り学習します。これらの基礎をもとにして小数の四則計算、分数の四則計算などが要求されます。

　図形の分野なら、三角形、四角形の定義からはじめ、正方形、長方形の性質、面積の計算、さらに平行四辺形の面積や三角形、台形、ひし形の面積、円の面積なども求めることが要求されます。体積についても同じです。

　長さ・かさ・重さなどの単位の学習は、ほとんど小学校で習うだけで、中学以降はあまりふれられません。これらの内容は、しっかり習熟しておく必要があります。

　本シリーズは、次の6つの分野にしぼって編集しました。

---

① 　時間と時こく　　　② 　長さ・かさ・重さ　　　③ 　小数・分数

④ 　面積・体積　　　　⑤ 　単位量あたり　　　　　⑥ 　割合・比

　1日1項目ずつ学習すれば、最短で16日間、週に4日の学習でも1か月で完成します。子どもたちが日ごろ使っている学習ノートをイメージして編集したので、抵抗感なく使えるものと思います。

　また、苦手意識を取り除くために、「うそテスト」「本テスト」「たしかめ」の3ステップ方式にしています。

　本シリーズで苦手分野を克服し、算数が好きになってくれることを祈ります。

ステップ1

厳選された基本問題をのせてあります。

薄い文字などを問題自体につけて、その問題を解くために必要な内容をアドバイスしています。ゆっくりで構いませんので、取り組みましょう。

また、右ページの上には、その項目のねらいをかきました。

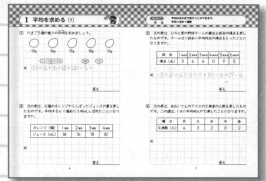

ステップ2

苦手意識をもっている子でも、取り組みやすいように「うそテスト」と同じ問題をのせてあります。一度、解いているのでアドバイスなしで解きます。

ここで満点をとって大いに自信をつけてもらいます。

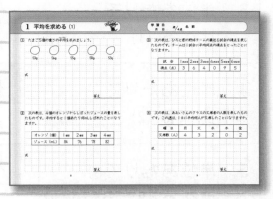

ステップ3

本テストの内容と数が少し変わっている問題をのせてあります。

これができていればもう大丈夫です。

次の項目に進みましょう。

目次&学習記録

学習日、成績をかいて、完全理解をめざそう！

学 習 内 容	うそテスト 学 習 日 ○点／○点	本テスト 学 習 日 ○点／○点	たしかめ 学 習 日 ○点／○点
9. いくつ分を求める (1) ………54	月　　日 点／4点	月　　日 点／4点	月　　日 点／4点
10. いくつ分を求める (2) ………60	月　　日 点／4点	月　　日 点／4点	月　　日 点／4点
11. 小数倍・分数倍 ………66	月　　日 点／6点	月　　日 点／6点	月　　日 点／6点
12. 速さ（単位時間あたり） ………72	月　　日 点／4点	月　　日 点／4点	月　　日 点／4点
13. 速さ（道のり） ………78	月　　日 点／4点	月　　日 点／4点	月　　日 点／4点
14. 速さ（時間） ………84	月　　日 点／4点	月　　日 点／4点	月　　日 点／4点
15. 速さ（時速・分速・秒速） ………90	月　　日 点／6点	月　　日 点／6点	月　　日 点／7点
16. 旅人算 ………96	月　　日 点／4点	月　　日 点／4点	月　　日 点／4点

① たまご5個の重さの平均を求めましょう。

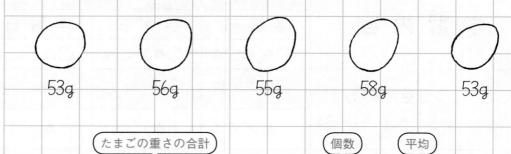

53g　　56g　　55g　　58g　　53g

たまごの重さの合計 個数 平均

式 (53+56+55+58+53)÷5＝

答え _____

② 次の表は、4個のオレンジからしぼったジュースの量を表したものです。平均すると1個あたり何mLしぼれたことになりますか。

オレンジ（個）	1個目	2個目	3個目	4個目
ジュース（mL）	84	76	78	82

式

答え _____

③　次の表は、ひろと君の野球チームの最近6試合の得点を表したものです。チームは1試合に平均何点の得点をとったことになりますか。

試　合	1試合目	2試合目	3試合目	4試合目	5試合目	6試合目
得点（点）	3	6	4	0	9	5

式　$(3+6+4+0+9+5) \div 6 = 27 \div 6$

$=$

答え _____

④　次の表は、あおいさんのクラスの欠席者の人数を表したものです。この週は、1日に平均何人が欠席したことになりますか。

曜　日	月	火	水	木	金
欠席数（人）	4	3	2	0	2

式

答え

7

1 平均を求める (1)

1 たまご5個の重さの平均を求めましょう。

53g　　　56g　　　55g　　　58g　　　53g

式

答え _____

2 次の表は、4個のオレンジからしぼったジュースの量を表したものです。平均すると1個あたり何mLしぼれたことになりますか。

オレンジ（個）	1個目	2個目	3個目	4個目
ジュース（mL）	84	76	78	82

式

答え _____

③　次の表は、ひろと君の野球チームの最近6試合の得点を表したものです。チームは1試合に平均何点の得点をとったことになりますか。

試　合	1試合目	2試合目	3試合目	4試合目	5試合目	6試合目
得点（点）	3	6	4	0	9	5

式

答え＿＿＿＿＿＿＿＿

④　次の表は、あおいさんのクラスの欠席者の人数を表したものです。この週は、1日に平均何人が欠席したことになりますか。

曜　日	月	火	水	木	金
欠席数（人）	4	3	2	0	2

式

答え＿＿＿＿＿＿＿＿

① なす6個の重さの平均を求めましょう。

89g　　99g　　95g　　92g　　104g　　97g

式

答え＿＿＿＿＿＿＿＿＿

② 次の表は、5ひきの魚の長さを表したものです。平均すると1ぴきあたり何cmになりますか。

魚	1ぴき目	2ひき目	3ぴき目	4ひき目	5ひき目
長さ（cm）	28	31	27	32	31

式

答え＿＿＿＿＿＿＿＿＿

3 次の表は、そうた君のサッカーチームの最近6試合の得点を表したものです。チームは1試合に平均何点の得点をとったことになりますか。

試　合	1試合目	2試合目	3試合目	4試合目	5試合目	6試合目
得点（点）	2	3	5	0	2	3

式

答え

4 次の表は、さくらさんの家族の身長を表したものです。家族の身長の平均を求めましょう。

家　族	父	母	兄	さくら
身長（cm）	176	161	165	154

式

答え

1　オレンジ1個からしぼったジュースの平均量は80mLでした。このオレンジ20個をしぼると、何mLのジュースがしぼれますか。

全体の量

平均
0
80
(mL)

20 (個)
個数

平均　個数　全体の量

式　80×20＝

答え _____

2　テニスボール30個の重さは1740gでした。

①　テニスボール1個の重さは、平均何gですか。

式

答え _____

②　テニスボール50個の重さは、何gになりますか。

式

答え _____

3 　ゆいさんは、漢字テストを3回して、平均が85点でした。
　3回のテストの合計点は、何点ですか。

```
              平均                    全体の量
  0           85                        □
  ├───────────┼─────────────────────────┼──────── (点)
  0
  ├───────────┼─────────────────────────┼──────── (回)
  0           1                          3
                                        回数
```

式

答え　＿＿＿＿＿＿＿＿＿＿

4 　ゆうと君は、計算テストを3回して、平均が76点でした。

① 　3回のテストの合計点は、何点ですか。

式

答え　＿＿＿＿＿＿＿＿＿＿

② 　平均点を80点以上にしたいと思います。4回目のテストで
何点以上とればよいですか。

式　$80 \times 4 =$

答え　＿＿＿＿＿＿＿＿＿＿

2 平均を求める (2)

1　オレンジ1個からしぼったジュースの平均量は80mLでした。このオレンジ20個をしぼると、何mLのジュースがしぼれますか。

```
0 80                        □
├─┼──────────────────┼──  (mL)
0 │                    20   (個)
```

式

答え _____

2　テニスボール30個の重さは1740gでした。

①　テニスボール1個の重さは、平均何gですか。

式

答え _____

②　テニスボール50個の重さは、何gになりますか。

式

答え _____

14

③ ゆいさんは、漢字テストを3回して、平均が85点でした。
3回のテストの合計点は、何点ですか。

```
0        85              □
├────────┼──────────────┼────── (点)
│                       │
├────────┼──────────────┼────── (回)
0                       3
```

式

　　　　　　　　　　　　　　　　答え _____

④ ゆうと君は、計算テストを3回して、平均が76点でした。

①　3回のテストの合計点は、何点ですか。

式

　　　　　　　　　　　　　　　　答え _____

②　平均点を80点以上にしたいと思います。4回目のテストで
何点以上とればよいですか。

式

　　　　　　　　　　　　答え

2 平均を求める (2)

① 1dLあたりの重さが、85gの油があります。この油を6dL、かんにつめました。かんにつめた油は、何gですか。

```
0       85                        □
├───────┼─────────────────────────┼──── (g)
│
├───────┼─────────────────────────┼──── (dL)
0       1                         6
```

式

答え _____

② 1週間で食べたお米の量は、1330gでした。

① 1日で食べたお米の量は、平均何gですか。

式

答え _____

② 1か月 (30日) で食べたお米の量は、何gになりますか。

式

答え _____

16

3 保健室（ほけんしつ）に来た人の1日の平均は、13人でした。7日間では何人来たことになりますか。

```
0    13                     □
├────┼─────────────────────┼──────── (人)
0     1                      7
├────┼─────────────────────┼──────── (日)
```

式

答え _____

4 ひなさんは、4回テストをして、平均が77点でした。

① 4回のテストの合計点は、何点ですか。

式

答え _____

② 5回目のテストをすると、平均が80点になりました。5回目のテストの点数は、何点ですか。

式

答え _____

17

① 次の表は、うさぎ小屋A、Bの面積と、うさぎの数を表したものです。あとの問いに答えましょう。

	うさぎの数（ひき）	面積（m²）
A	9	6
B	8	5

① Aの小屋の、1m²あたりのうさぎの数を求めましょう。

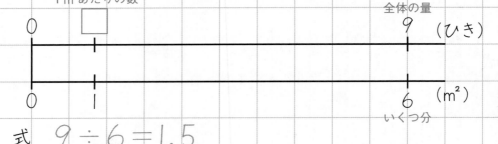

式 $9 \div 6 = 1.5$

うさぎの数　面積　1m²あたり1.5ひき　　答え _____

② Bの小屋の、1m²あたりのうさぎの数を求めましょう。

式

答え _____

③ どちらの小屋の方がこんでいますか。

答え _____

18

2　次の表は、特急電車と急行電車の乗客数と車両の数を表した
ものです。どちらの電車の方がこんでいますか。1両あたりの
乗客数を比べましょう。

	乗客数（人）	車両の数（両）
特急電車	992	8
急行電車	726	6

式　特急電車：$992 \div 8 =$

急行電車：$726 \div 6 =$

答え

3　次の表は、2つのプールの面積と、そこで泳いでいる人数を
表したものです。どちらのプールの方がこんでいますか。
1㎡あたりの人数を比べましょう。

	人数（人）	面積（㎡）
C	80	150
D	96	160

式　C：$80 \div 150 = 0.53\cdots$

D：$96 \div 160 =$

答え

19

1 次の表は、うさぎ小屋A、Bの面積と、うさぎの数を表したものです。あとの問いに答えましょう。

	うさぎの数(ひき)	面積（㎡）
A	9	6
B	8	5

① Aの小屋の、1㎡あたりのうさぎの数を求めましょう。

式

答え _____

② Bの小屋の、1㎡あたりのうさぎの数を求めましょう。

式

答え _____

③ どちらの小屋の方がこんでいますか。

答え _____

② 次の表は、特急電車と急行電車の乗客数と車両の数を表したものです。どちらの電車の方がこんでいますか。1両あたりの乗客数を比べましょう。

	乗客数（人）	車両の数（両）
特急電車	992	8
急行電車	726	6

式

答え

③ 次の表は、2つのプールの面積と、そこで泳いでいる人数を表したものです。どちらのプールの方がこんでいますか。
1 m²あたりの人数を比べましょう。

	人数（人）	面積（m²）
C	80	150
D	96	160

式

答え

1　次の表は、にわとり小屋A、Bの面積と、にわとりの数を表したものです。どちらの小屋の方がこんでいますか。1m²あたりのにわとりの数を比べましょう。

	にわとりの数(わ)	面積（m²)
A	14	8
B	16	10

式

答え

2　次の表は、2つの部屋の面積と、集まっている人数を表したものです。どちらの部屋の方がこんでいますか。1m²あたりの人の数を比べましょう。

	人数（人)	面積（m²)
C	18	25
D	15	20

式

答え

3　次の表は、東小学校と西小学校の5年生の人数と、5年生が乗ったバスの台数を表したものです。どちらのバスの方がこんでいますか。1台あたりの人数を比べましょう。

	5年生（人）	バス（台）
東小学校	125	4
西小学校	98	3

式

答え

4　次の表は、2つのすな場の面積と、そこで遊んでいる人数を表したものです。どちらのすな場の方がこんでいますか。1m²あたりの人数を比べましょう。

	人数（人）	面積（m²）
E	27	18
F	35	21

式

答え

1　1ダース（12本）で840円のえんぴつと、10本で720円のボールペンがあります。あとの問いに答えましょう。

① えんぴつ1本あたりのねだんを求めましょう。

```
        1本あたり                              全体の量
     0    □                                     840  (円)
     |────┼─────────────────────────────────────┤
     |                                           |
     |                                           |
     0    1                                      12  (本)
                                              いくつ分
```

式　$840 \div 12 =$

　　全体の量　いくつ分　1本あたりのねだん

答え _____

② ボールペン1本あたりのねだんを求めましょう。

```
     0    □                                     720  (円)
     |────┼─────────────────────────────────────┤
     |                                           |
     |                                           |
     0    1                                      10  (本)
```

式

答え _____

③ 1本あたりのねだんが高いのはどちらですか。

答え _____

2　2まいのカーテンがあります。5mで4500円のAのカーテン
と、6mで7200円のBのカーテンがあります。
　1mあたりのねだんは、どちらが高いですか。

式

答え

3　400gで1000円の、ぶた肉と、300gで1200円の牛肉があります。
　100gあたりのねだんは、どちらが高いですか。

式　ぶた肉：$1000 \div 4 =$

100gあたりだから、400÷100と考える

　　牛　肉：$1200 \div 3 =$

答え

1 1ダース（12本）で840円のえんぴつと、10本で720円のボールペンがあります。あとの問いに答えましょう。

① えんぴつ1本あたりのねだんを求めましょう。

```
0  □                              840  （円）
┣━━╀━━━━━━━━━━━━━━━━━━━┫
0  |                               12  （本）
```

式

答え _____

② ボールペン1本あたりのねだんを求めましょう。

```
0  □                           720  （円）
┣━╀━━━━━━━━━━━━━━━━━━━┫
┣━╀━━━━━━━━━━━━━━━━━━━┫
0                              10  （本）
```

式

答え _____

③ 1本あたりのねだんが高いのはどちらですか。

答え _____

26

2　2まいのカーテンがあります。5mで4500円のAのカーテンと、6mで7200円のBのカーテンがあります。
　　1mあたりのねだんは、どちらが高いですか。

式

答え _____

3　400gで1000円のぶた肉と、300gで1200円の牛肉があります。
　　100gあたりのねだんは、どちらが高いですか。

式

答え _____

① 8さつで960円のAのノートと、12さつで1500円のBのノートがあります。

1さつあたりのねだんは、どちらが高いですか。

式

答え _____

② 5kgで1800円のC県のお米と、3kgで1050円のD県のお米があります。

1kgあたりのねだんは、どちらが高いですか。

式

答え _____

3 22mで990円の赤色のリボンと、15mで720円の黄色のリボン
があります。
　　1mあたりのねだんは、どちらが高いですか。

式

答え

4 22個で3630円のりんごと、18個で2790円のなしがあります。
　　1個あたりのねだんは、どちらが高いですか。

式

答え

5 単位あたりで比べる (3)

1　次の表は、2つの小学校の学校園の面積と、そこでとれたさつまいもの重さを表したものです。あとの問いに答えましょう。

	さつまいも (kg)	面積 (m²)
南小学校	27	15
東小学校	32	16

①　南小学校の学校園1m²あたりのさつまいもの重さを求めましょう。

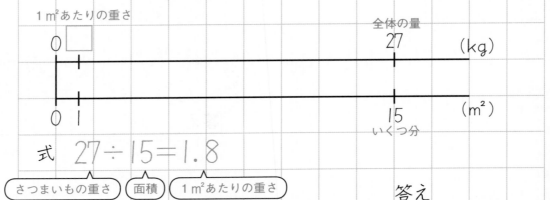

式　27÷15＝1.8

さつまいもの重さ　面積　1m²あたりの重さ

答え _____

②　東小学校の学校園1m²あたりのさつまいもの重さを求めましょう。

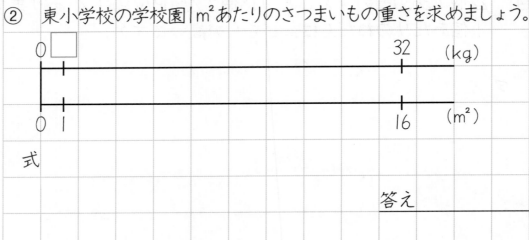

式

答え _____

③　どちらの学校園が、さつまいもを多くとれましたか。

答え _____

30

② 45個で675円のあめと、30個で540円のガムがあります。
　　1個あたりのねだんが高いのは、どちらですか。

式

答え

③ ゆうま君は、3㎡の土地に5.8Lの水をまきました。みさきさんは、5㎡の土地に6.5Lの水をまきました。
　　1㎡あたりにまいた水の量が多いのは、どちらですか。

式　ゆうま君：$5.8 \div 3 = 1.93\cdots$

　　みさきさん：$6.5 \div 5 =$

答え

1 次の表は、2つの小学校の学校園の面積と、そこでとれたさつまいもの重さを表したものです。あとの問いに答えましょう。

	さつまいも(kg)	面積 (m²)
南小学校	27	15
東小学校	32	16

① 南小学校の学校園1m²あたりのさつまいもの重さを求めましょう。

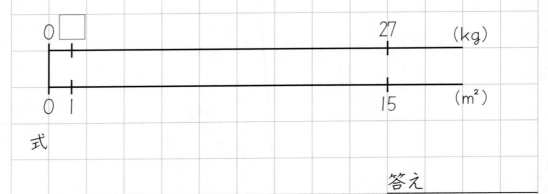

式

答え _____

② 東小学校の学校園1m²あたりのさつまいもの重さを求めましょう。

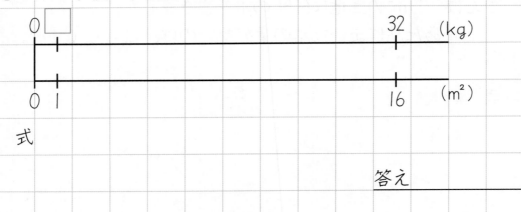

式

答え _____

③ どちらの学校園が、さつまいもを多くとれましたか。

答え _____

② 45個で675円のあめと、30個で540円のガムがあります。
　　1個あたりのねだんが高いのは、どちらですか。

式

　　　　　　　　　　　　　　　　　　　　　答え

③ 　ゆうま君は、3m²の土地に5.8Lの水をまきました。みさき
さんは、5m²の土地に6.5Lの水をまきました。
　　1m²あたりにまいた水の量が多いのは、どちらですか。

式

　　　　　　　　　　　　　　　　　　　　　答え

① 次の表は、1年生と2年生の学校園の面積と、そこに植えた球根の数を表したものです。球根を多く植えたのは、どちらの学年ですか。1m²あたりに植えた球根の数を比べましょう。

	球根の数（個）	面積（m²）
1年生	240	3.2
2年生	266	3.5

式

答え

② 次の表は、2つの畑の面積と、そこでとれたみかんの重さを表したものです。みかんが多くとれたのは、どちらの畑ですか。1m²あたりにとれたみかんの重さを比べましょう。

	みかん（kg）	面積（m²）
A	24	15
B	28.5	19

式

答え

③ 　ガソリン40Lで700km走る自動車と、ガソリン35Lで623km走る軽トラックがあります。
　　ガソリン1Lで長く走るのは、どちらの自動車ですか。

式

　　　　　　　　　　　　　　　　答え

④ 　しょうた君は、6m²の畑に337gの肥料をまきました。ひなさんは、8.4m²の畑に462gの肥料をまきました。
　　1m²あたりにまいた肥料の量が多いのは、どちらですか。

式

　　　　　　　　　　　　　　　　答え

1　次の表は、韓国と日本の面積と人口を表したものです。あとの問いに答えましょう。答えは $\frac{1}{10}$ の位を四捨五入して整数で表します。

	人口（万人）	面積（万km²）
韓国	5100	10
日本	12700	38

（2015年）

① 韓国の1km²あたりの人口を求めましょう。

1km²あたりの人口　　　　　　　　人口
0　？　　　　　　　　　　　5100　　　　（万人）

0　1　　　　　　　　　　　10　　　　（万km²）
　　　　　　　　　　　　　面積

式　51000000÷100000＝

単位をよく見て

答え　約

② 日本の1km²あたりの人口を求めましょう。

0　？　　　　　　　　　　　12700（万人）

0　1　　　　　　　　　　　38　（万km²）

式　127000000÷380000＝334.21…
　　　　　　　　　　　　　＝334

答え　約

③ 1km²あたりの人口（人口密度）が高いのはどちらですか。

答え

36

ねらい

月　日

1km²あたりの人口を「人口密度（じんこうみつど）」といい、次の式で表します。
人口密度＝人口÷面積

2　次の表は、A市とB市の面積と人口を表したものです。人口密度が高いのはどちらですか。

	人口（万人）	面積（km²）
A　市	33	220
B　市	29	200

（2017年　総務省調べ）

式

答え

3　次の表は、京都府（きょうとふ）と奈良県（ならけん）の面積と人口を表したものです。人口密度を求め、上から2けたのがい数で表しましょう。

	人口（万人）	面積（km²）
京都府	260	4600
奈良県	135	3700

（2017年　総務省調べ）

式

京都府　約

奈良県　約

1　次の表は、韓国と日本の面積と人口を表したものです。あとの問いに答えましょう。答えは $\frac{1}{10}$ の位を四捨五入して整数で表します。

	人口（万人）	面積（万km²）
韓国	5100	10
日本	12700	38

（2015年）

① 韓国の1km²あたりの人口を求めましょう。

```
0    ?                      5100
|----+----------)) --------+--------|  （万人）

|----+----------)) --------+--------|  （万km²）
0    1                      10
```

式

答え

② 日本の1km²あたりの人口を求めましょう。

```
0    ?                           12700 （万人）
|----+----------)) ------------+------|

|----+----------)) ------------+------|
0    1                          38   （万km²）
```

式

答え

③ 1km²あたりの人口（人口密度）が高いのはどちらですか。

答え

38

2　次の表は、A市とB市の面積と人口を表したものです。人口密度が高いのはどちらですか。

	人口（万人）	面積（km²）
A　市	33	220
B　市	29	200

（2017年 総務省調べ）

式

答え

3　次の表は、京都府と奈良県の面積と人口を表したものです。人口密度を求め、上から2けたのがい数で表しましょう。

	人口（万人）	面積（km²）
京都府	260	4600
奈良県	135	3700

（2017年 総務省調べ）

式

京都府

奈良県

1　次の表は、A町とB町の面積と人口を表したものです。それぞれの町の人口密度を求めましょう。

	人口（人）	面積（km²）
A　町	17200	8
B　町	36000	15

式

A町

B町

2　次の表は、C市とD市の面積と人口を表したものです。
人口密度が高いのは、どちらですか。

	人口（万人）	面積（km²）
C　市	180	720
D　市	200	1000

式

答え

③ 次の表は、福岡市と名古屋市の面積と人口を表したものです。人口密度が高いのは、どちらですか。

	人口（万人）	面積（km²）
福岡市	150	340
名古屋市	230	330

（2017年 総務省調べ）

式

答え

④ 次の表は、横浜市と神戸市の面積と人口を表したものです。人口密度を求め、上から2けたのがい数で表しましょう。

	人口（万人）	面積（km²）
横浜市	370	440
神戸市	155	560

（2017年 総務省調べ）

式

横浜市

神戸市

1 花だんに、1m²あたり16本のバラを植えます。
4m²に植えるには、何本のバラが必要ですか。

```
        1つ分の量                    全体の量
  0        16                         □
  |────────┼──────────────────────────┼──────── (本)
  |        |                          |
  |────────┼──────────────────────────┼──────── (m²)
  0        1                          4
                                   いくつ分
```

式 16×4＝

（1m²のバラ）（面積）（バラの本数）

答え _____

2 教室のゆかにワックスをぬります。1m²あたり、2.5dLの
ワックスを使います。8m²のゆかをぬるには、何dLのワック
スが必要ですか。

```
   1つ分の量                       全体の量
  0  2.5                            □
  |──┼──────────────────────────────┼──────── (dL)
  |  |                             |
  |──┼──────────────────────────────┼──────── (m²)
  0  1                             8
                                いくつ分
```

式

答え _____

42

③　道路をアスファルトでほそうします。１m²あたり、380kgの
アスファルトを使います。3m²の道路をほそうするには、何
kgのアスファルトが必要ですか。

	１つ分の量 380		全体の量 □		(kg)

０　　　　　　　　　　　　　　　　　３　　　　　　　(m²)
　　　　　　　　　　　　　　　　　いくつ分

式

答え　　　　　　　　　　　

④　１mの重さが、26gのはり金があります。このはり金が28m
のとき、重さは何gになりますか。

０ １つ分の量
　 26　　　　　　　　　　全体の量
　　　　　　　　　　　　　　□　　　　　　　(g)

０　　　　　　　　　　　　28　　　　　　　(m)
　　　　　　　　　　　　いくつ分

式

答え

7 全体を求める (1)

1 花だんに、1m²あたり16本のバラを植えます。
4m²に植えるには、何本のバラが必要ですか。

```
0        16                  □
├─────────┼──────────────────┼─────── (本)
0        |                   4
├─────────┼──────────────────┼─────── (m²)
```

式

答え _____

2 教室のゆかにワックスをぬります。1m²あたり、2.5dLの
ワックスを使います。8m²のゆかをぬるには、何dLのワック
スが必要ですか。

```
0   2.5                  □
├────┼───────────────────┼─────── (dL)
0   |                    8
├────┼───────────────────┼─────── (m²)
```

式

答え _____

③　道路をアスファルトでほそうします。1m²あたり、380kgのアスファルトを使います。3m²の道路をほそうするには、何kgのアスファルトが必要ですか。

```
0        380              □
├─────────┼───────────────┼──────────── (kg)
0                          3
├─────────┼───────────────┼──────────── (m²)
```

式

答え

④　1mの重さが、26gのはり金があります。このはり金が28mのとき、重さは何gになりますか。

```
0   26              □
├───┼──────〳〵──────┼──────────── (g)
0                   28
├───┼──────〳〵──────┼──────────── (m)
```

式

答え

45

7 全体を求める (1)

1 　1mの重さが、17gのロープがあります。このロープが18m
のとき、重さは何gになりますか。

```
0  17                           □        (g)
├──┼──────────────────────────┤
│
├──┼──────────────────────────┤
0  1                          18        (m)
```

式

　　　　　　　　　　　　　　　　　　　答え＿＿＿＿＿＿＿＿＿＿＿

2 　花だんに、1m²あたり64kgの土を入れます。23m²の花だん
に土を入れるには、何kgの土が必要ですか。

```
0  64                          □        (kg)
├──┼──────────────────────────┤
│
├──┼──────────────────────────┤
0  1                          23        (m²)
```

式

　　　　　　　　　　　　　　　　　　　答え＿＿＿＿＿＿＿＿＿＿＿

3 　小学校のコピー機は、1分間に78まい印刷できます。このコピー機で1時間印刷すると、何まい印刷できますか。

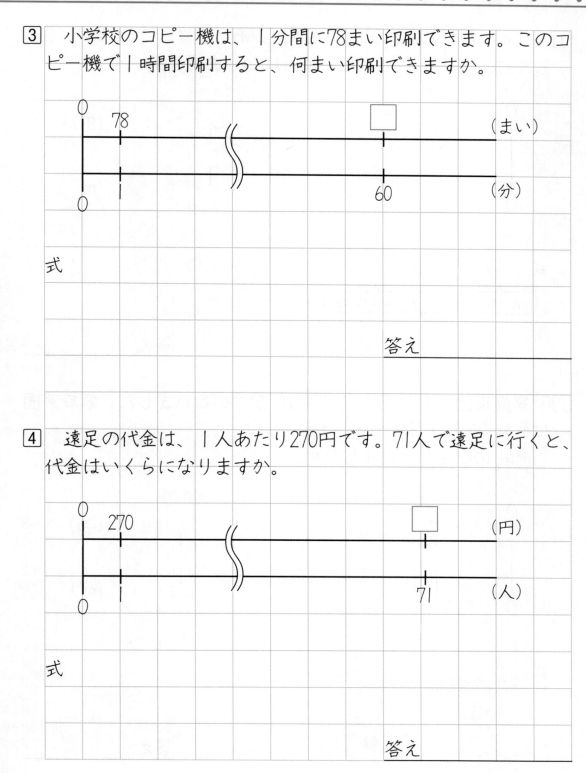

式

答え _____

4 　遠足の代金は、1人あたり270円です。71人で遠足に行くと、代金はいくらになりますか。

式

答え _____

8 全体を求める (2)

1　1mのねだんが、70円のリボンがあります。このリボンを、2.3m買いました。代金はいくらになりますか。

```
        0          1つ分の量              全体の量
                     70                  □
        ├──────────────┼─────────────────┼──────────── (円)
        0

        ├──────────────┼─────────────────┼──────────── (m)
        0              |                 2.3
                                       いくつ分
```

式　70×2.3＝

（1mのねだん）（長さ）（リボンの代金）

答え _____

2　家庭菜園で1m²あたり1.5kgのなすがとれました。家庭菜園は4.4m²あります。
　　何kgのなすがとれましたか。

```
        0          1つ分の量              全体の量
                     1.5                  □
        ├──────────────┼─────────────────┼──────────── (kg)

        ├──────────────┼─────────────────┼──────────── (m²)
        0              |                 4.4
                                       いくつ分
```

式

答え _____

③ ガソリン1Lで$10\frac{1}{5}$km走る自動車があります。ガソリン4L
では、何km走ることができますか。答えは帯分数で表しましょう。

1つ分の量　$10\frac{1}{5}$

全体の量 □

0　　　　　　　　　　　　　　　　　　　　　（km）

0　　　1　　　　　　　　　　4　　　　　　　（L）
　　　　　　　　　　いくつ分

式

答え _____

④ 1kgのお米をたくのに、水を$\frac{5}{3}$L使います。$\frac{13}{5}$kgのお米
をたくには、何Lの水が必要ですか。

1つ分の量　$\frac{5}{3}$

全体の量 □

0　　　　　　　　　　　　　　　　　　　　　（L）

0　　　1　　　　　$\frac{13}{5}$　　　　　　　　（kg）
　　　　　　　　いくつ分

式

答え _____

1　1mのねだんが、70円のリボンがあります。このリボンを、2.3m買いました。代金はいくらになりますか。

0 ────── 70 ────── □ ────── (円)

0 ────── | ────── 2.3 ────── (m)

式

答え _____

2　家庭菜園で1m²あたり1.5kgのなすがとれました。家庭菜園は4.4m²あります。

　何kgのなすがとれましたか。

0 ────── 1.5 ────── □ ────── (kg)

0 ────── | ────── 4.4 ────── (m²)

式

答え _____

③　ガソリン１Lで$10\frac{1}{5}$km走る自動車があります。ガソリン４L
では、何km走ることができますか。答えは帯分数で表しましょう。

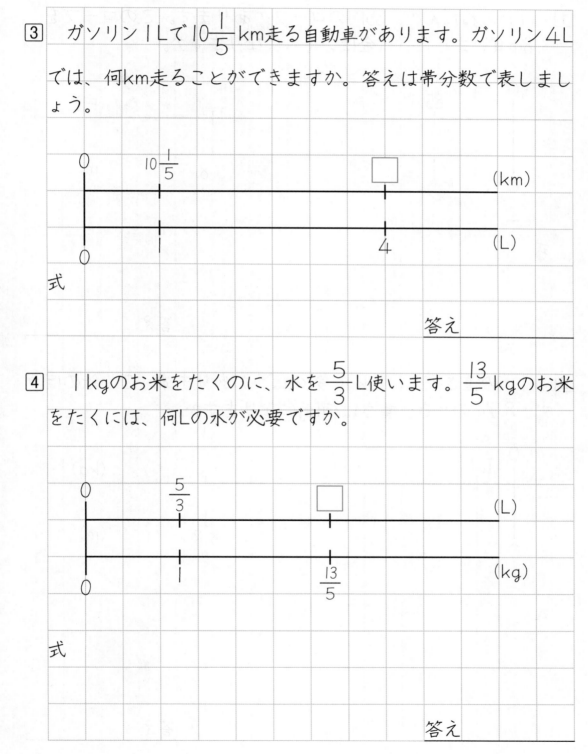

式

答え _____

④　１kgのお米をたくのに、水を$\frac{5}{3}$L使います。$\frac{13}{5}$kgのお米
をたくには、何Lの水が必要ですか。

式

答え _____

8 全体を求める (2)

1　1mのねだんが、85円のロープがあります。このロープを、3.8m買いました。代金はいくらになりますか。

```
0        85                        □
├────────┼─────────────────────────┼──────── (円)
│        │                         │
0        1                        3.8      (m)
```

式

答え _____

2　1mの重さが、1.15kgの鉄のぼうがあります。この鉄のぼうが、8.2mのとき、重さは何kgになりますか。

```
0   1.15                          □
├────┼──────────────────────────┼──────── (kg)
│    │                          │
0    1                         8.2      (m)
```

式

答え _____

③ 板にペンキをぬります。1m²あたり、$\frac{3}{7}$L使います。

$3\frac{1}{9}$m²の板をぬるには、何Lのペンキが必要ですか。

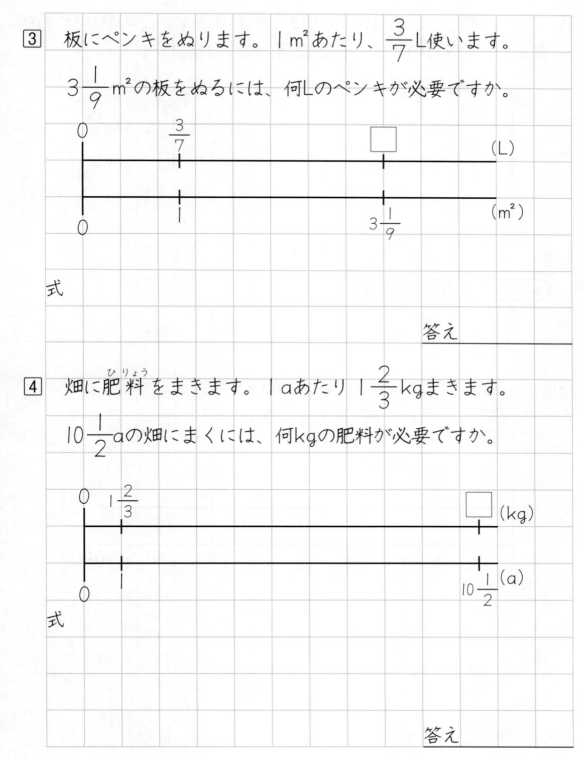

式

答え _____

④ 畑に肥料をまきます。1aあたり$1\frac{2}{3}$kgまきます。

$10\frac{1}{2}$aの畑にまくには、何kgの肥料が必要ですか。

式

答え _____

1️⃣ 1mの重さが、220gの鉄のぼうがあります。この鉄のぼうの重さが、1980gのとき、長さは何mになりますか。

```
0  1つ分の量              全体の量
      220                 1980
  |____|_____|_____  (g)
0                          |
  |____|_____|_____  (m)
                          ▢
                        いくつ分
```

式　$1980 \div 220 =$

〔鉄のぼうの重さ〕　〔1mの重さ〕　〔長さ〕

答え _____

2️⃣ 1Lあたり230円の牛にゅうを買います。
1380円はらうと、何L買えますか。

```
0  1つ分の量              全体の量
      230                 1380
  |____|_____|_____  (円)
0                          |
  |____|_____|_____  (L)
                          ▢
                        いくつ分
```

式

答え _____

54

③　花だんに、１m²あたり16個の球根を植えます。96個の球根では、何m²に植えることができますか。

	1つ分の量						全体の量			
0	16						96			(個)

										(m²)
0							☐			

いくつ分

式

答え　　　　　　　　　　　

④　１mの重さが、28gのはり金があります。このはり金の重さが、196gのとき、長さは何mになりますか。

	1つ分の量					全体の量			
0	28					196			(g)

									(m)
0						☐			

いくつ分

式

答え

9 いくつ分を求める (1)

1 　1mの重さが、220gの鉄のぼうがあります。この鉄のぼうの重さが、1980gのとき、長さは何mになりますか。

```
0      220                    1980
├──────┼──────────────────────┼───── (g)

0      |                      □
├──────┼──────────────────────┼───── (m)
```

式

答え _____

2 　1Lあたり230円の牛にゅうを買います。
　1380円はらうと、何L買えますか。

```
0      230                   1380
├──────┼──────────────────────┼───── (円)

0      |                      □
├──────┼──────────────────────┼───── (L)
```

式

答え _____

③　花だんに、1m²あたり16個の球根を植えます。96個の球根では、何m²に植えることができますか。

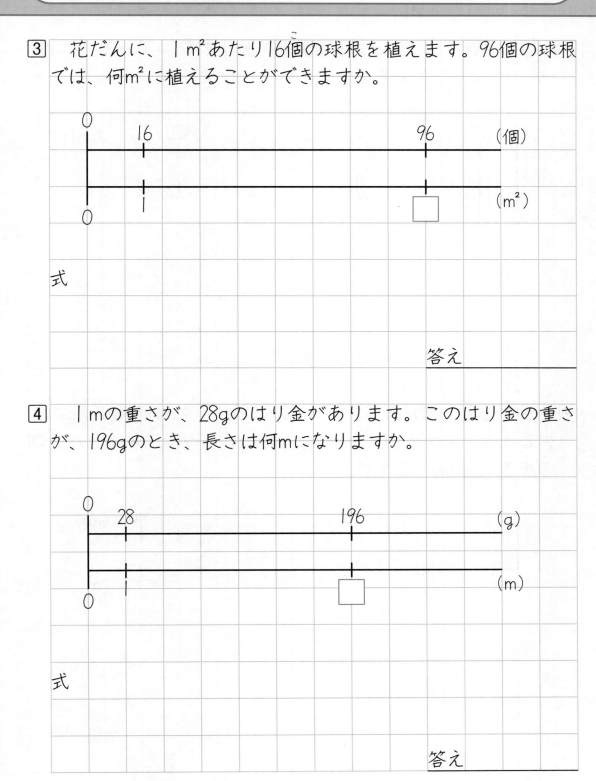

式

答え

④　1mの重さが、28gのはり金があります。このはり金の重さが、196gのとき、長さは何mになりますか。

式

答え

① ガソリン１Lで12km走る自動車があります。420km走るには、何Lのガソリンが必要ですか。

```
  0    12              420    (km)
  |────┼────╱╱──────────┼──────
  |    |              ┌─┐
  0    |              └─┘     (L)
```

式

答え _____

② 豆を植えた畑があります。この畑では、１aあたり15kgの豆がしゅうかくできます。今年は240kgしゅうかくしました。畑の広さは何aありますか。

```
  0   15              240   (kg)
  |───┼───────────────┼──────
  |   |               ┌─┐
  0   |               └─┘   (a)
```

式

答え _____

③　1mの重さが、550gのホースがあります。このホースの重さが、3850gのとき、長さは何mになりますか。

```
0        550                           3850 (g)
├────────┼─────────────────────────────┤
0                                        ☐
├────────┼─────────────────────────────┤  (m)
         1
```

式

答え＿＿＿＿＿＿＿＿＿

④　1Lのペンキで、5m²の板をぬれます。23m²の板をぬるには、何Lのペンキが必要ですか。

```
0    5                    23    (m²)
├────┼──────╲╲────────────┼─────┤
0                          ☐     (L)
├────┼──────╲╲────────────┼─────┤
     1
```

式

答え＿＿＿＿＿＿＿＿＿

1　へいにペンキをぬります。1m²あたり、1.5dLのペンキを使います。9dLでは、何m²のへいがぬれますか。

```
0   1つ分の量              全体の量
    1.5                    9
                                      (dL)

0                                     (m²)
                          □
                         いくつ分
```

式　$9 \div 1.5 =$

ペンキの量　1m²の量　面積

答え＿＿＿＿＿＿＿＿＿＿

2　ガソリン1Lで15.5km走る自動車があります。124km走るには、何Lのガソリンが必要ですか。

```
0  1つ分の量              全体の量
   15.5                   124
                                      (km)

0                                     (L)
                         □
                        いくつ分
```

式

答え＿＿＿＿＿＿＿＿＿＿

③　１cm²あたりの重さが、$\frac{4}{5}$ gのアルミニウムの板があります。このアルミニウムの板の重さが８gのとき、何cm²になりますか。

１つ分の量

0　　$\frac{4}{5}$　　　　　　　　　　　　　　　　全体の量
　　　　　　　　　　　　　　　　　　　　　　　8　　(g)

0　　１　　　　　　　　　　　　　　　　　　　□　(cm²)
　　　　　　　　　　　　　　　　　　　　　いくつ分

式

答え_____

④　１km²あたりの人口（人口密度）が、2400人の町があります。人口が78000人のとき、この町の面積は何km²になりますか。

1km²あたりの人口　　　　　　　　　　　　　全体の量
0　2400　　　　　　　　　　　　　　　78000　(人)

0　　１　　　　　　　　　　　　　　　　　　□　(km²)
　　　　　　　　　　　　　　　　　　　　　いくつ分

式

答え_____

1　へいにペンキをぬります。1m²あたり、1.5dLのペンキを使います。9dLでは、何m²のへいがぬれますか。

```
0      1.5                              9      (dL)
|-------|------------------------------|------
|-------|------------------------------|------
0      1                              □     (m²)
```

式

答え _____

2　ガソリン1Lで15.5km走る自動車があります。124km走るには、何Lのガソリンが必要ですか。

```
0      15.5                   124      (km)
|-------|---------------------|--------
|-------|---------------------|--------
0      1                      □       (L)
```

式

答え _____

③ 　1cm²あたりの重さが、$\frac{4}{5}$gのアルミニウムの板があります。このアルミニウムの板の重さが8gのとき、何cm²になりますか。

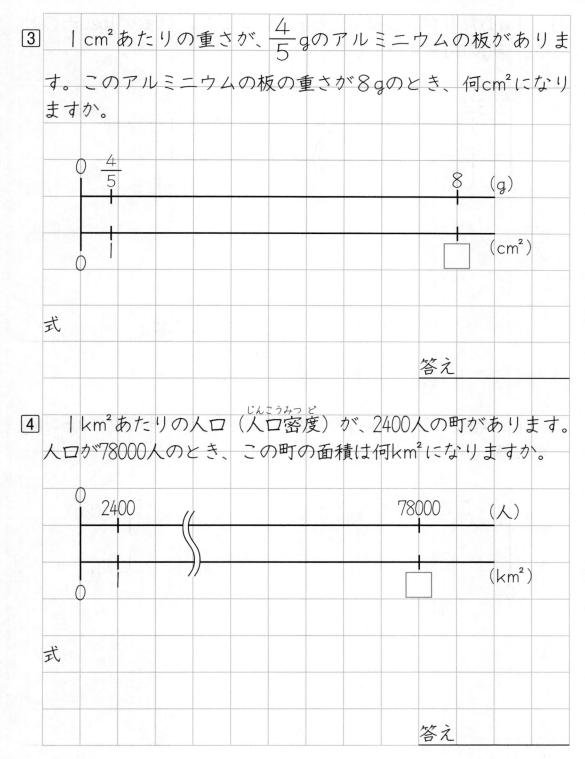

式

答え _____

④ 　1km²あたりの人口（人口密度）が、2400人の町があります。人口が78000人のとき、この町の面積は何km²になりますか。

式

答え _____

10 いくつ分を求める (2)

① 1gあたりが、3.6円の肉を買いました。代金が1620円のとき、何gの肉を買いましたか。

```
0       3.6                                   1620      (円)
├───────┼──────────〜〜──────────────────┼─────────
0                                           ┌──┐
├───────┼──────────〜〜──────────────────└──┘─────── (g)
```

式

答え _____

② 1Lの重さが、0.75kgの油があります。この油の重さが5.1kgのとき、何Lになりますか。

```
0       0.75                                  5.1  (kg)
├───────┼────────────────────────────────┼──────
0                                         ┌──┐
├───────┼────────────────────────────────└──┘─ (L)
```

式

答え _____

64

③　ガソリン1Lで$8\frac{1}{3}$km走る自動車があります。125km走るには、何Lのガソリンが必要ですか。

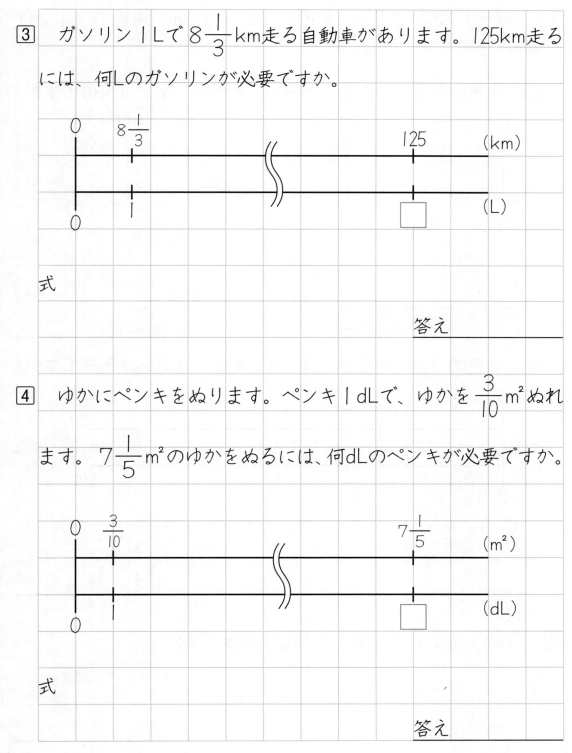

式

答え

④　ゆかにペンキをぬります。ペンキ1dLで、ゆかを$\frac{3}{10}$m²ぬれます。$7\frac{1}{5}$m²のゆかをぬるには、何dLのペンキが必要ですか。

式

答え

① 赤色のリボンは5m、青色のリボンは12m、黄色のリボンは4mの長さがあります。

① 赤色のリボンをもとにすると、青色のリボンは何倍ですか。

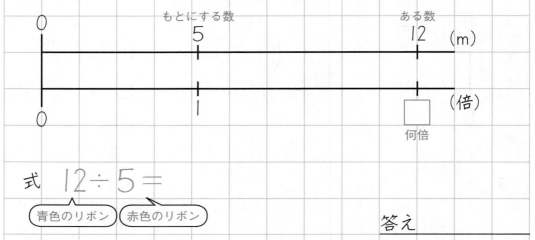

式 $12 ÷ 5 =$

青色のリボン　赤色のリボン

答え _____

② 赤色のリボンをもとにすると、黄色のリボンは何倍ですか。

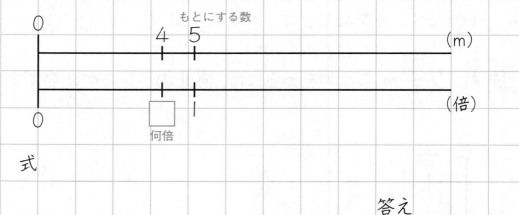

式

答え _____

② 7kgをもとにすると、9.1kgは何倍ですか。

式

答え _____

③ 赤色 $\frac{1}{2}$ m、青色 $\frac{5}{4}$ m、黄色 $\frac{3}{8}$ mの長さのリボンがあります。

① 赤色のリボンをもとにすると、青色のリボンは何倍ですか。

0 ／ $\frac{1}{2}$ ／ $\frac{5}{4}$ (m)

0 ／ □ (倍)

式

答え _____

② 赤色のリボンをもとにすると、黄色のリボンは何倍ですか。

0 ／ $\frac{3}{8}$ $\frac{1}{2}$ (m)

0 □ ／ (倍)

式

答え _____

④ $\frac{5}{6}$ Lをもとにすると、$\frac{4}{9}$ Lは何倍ですか。

式

答え _____

1　赤色のリボンは5m、青色のリボンは12m、黄色のリボンは4mの長さがあります。

①　赤色のリボンをもとにすると、青色のリボンは何倍ですか。

```
0                    5                    12    (m)
├─────────────────┼───────────────────┼───
0                    1                    □    (倍)
├─────────────────┼───────────────────┼───
```

式

　　　　　　　　　　　　　　　　　　　答え _____

②　赤色のリボンをもとにすると、黄色のリボンは何倍ですか。

```
0                    4  5                    (m)
├─────────────────┼──┼──────────────
0                    □  1                    (倍)
├─────────────────┼──┼──────────────
```

式

　　　　　　　　　　　　　　　　　　　答え _____

2　7kgをもとにすると、9.1kgは何倍ですか。

式

　　　　　　　　　　　　　　　　　　　答え _____

3 赤色 $\frac{1}{2}$ m、青色 $\frac{5}{4}$ m、黄色 $\frac{3}{8}$ mの長さのリボンがあります。

① 赤色のリボンをもとにすると、青色のリボンは何倍ですか。

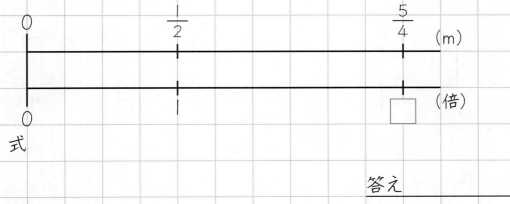

式

答え _____

② 赤色のリボンをもとにすると、黄色のリボンは何倍ですか。

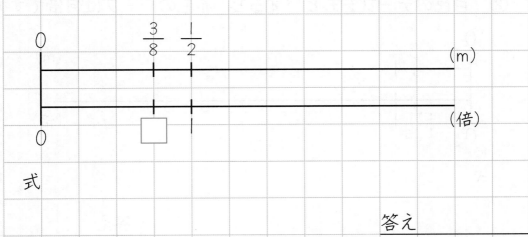

式

答え _____

4 $\frac{5}{6}$ Lをもとにすると、$\frac{4}{9}$ Lは何倍ですか。

式

答え _____

11 小数倍・分数倍

1 白色のテープは4m、青色のテープは18m、赤色のテープは3mの長さがあります。

① 白色のテープをもとにすると、青色のテープは何倍ですか。

```
0        4                    18        (m)
|_____|_____|

0        |                    □         (倍)
|_____|_____|
```

式

答え _____

② 白色のテープをもとにすると、赤色のテープは何倍ですか。

```
0    3 4                           (m)
|____|_|_____

0    □ |                           (倍)
|____|_|_____
```

式

答え _____

2 9Lをもとにすると、4.5Lは何倍ですか。
式

答え _____

③ 白色 $\frac{3}{4}$ m、青色 $\frac{7}{8}$ m、赤色 $\frac{2}{5}$ mの長さのテープがあります。

① 白色のテープをもとにすると、青色のテープは何倍ですか。

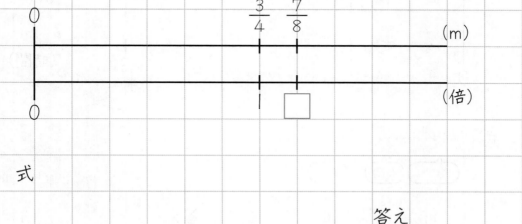

式

答え _____

② 白色のテープをもとにすると、赤色のテープは何倍ですか。

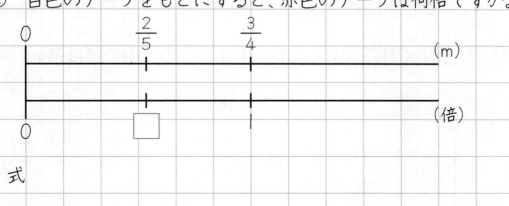

式

答え _____

④ $\frac{3}{5}$ kgをもとにすると、$\frac{5}{6}$ kgは何倍ですか。

式

答え _____

1 　3時間で216km走る電車があります。この電車の時速は何kmですか。

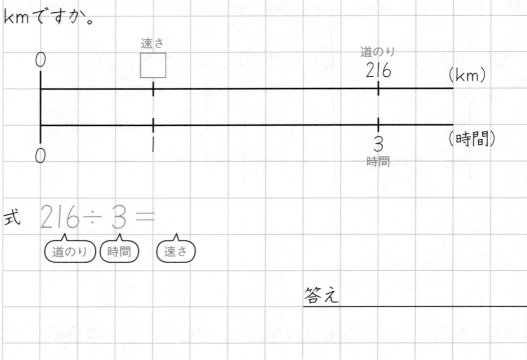

式　216÷3＝

答え

2 　7分間で1120m歩く人がいます。この人の分速は何mですか。

式

答え

③　回転ずし店があります。この店では、すしが 1 時間で144m
進みます。すしは、分速何mで進みますか。

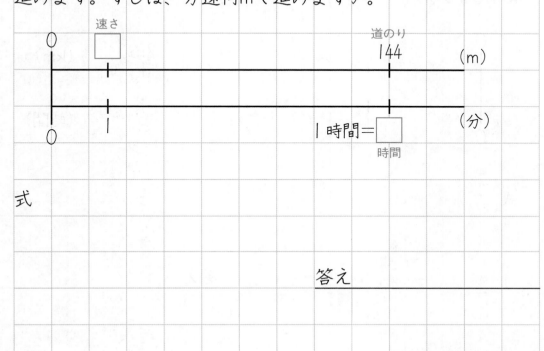

式

答え

④　410mを50秒で走る人がいます。この人の秒速は何mですか。

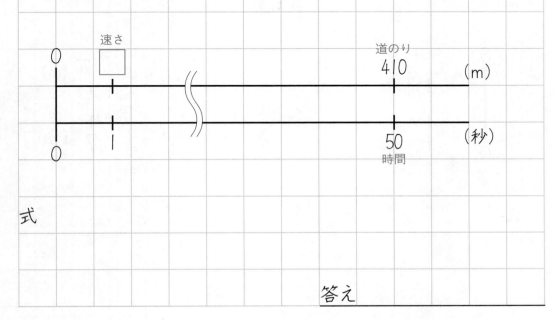

式

答え

① 3時間で216km走る電車があります。この電車の時速は何kmですか。

```
   0              □                        216
   ├──────────────┼─────────────────────────┤ (km)

   0              │                         3
   ├──────────────┼─────────────────────────┤ (時間)
                  1
```

式

答え _____

② 7分間で1120m歩く人がいます。この人の分速は何mですか。

```
   0        □                          1120 (m)
   ├────────┼──────────────────────────┤

   0        │                            7 (分)
   ├────────┼──────────────────────────┤
            1
```

式

答え _____

③　回転ずし店があります。この店では、すしが１時間で144m
進みます。すしは、分速何mで進みますか。

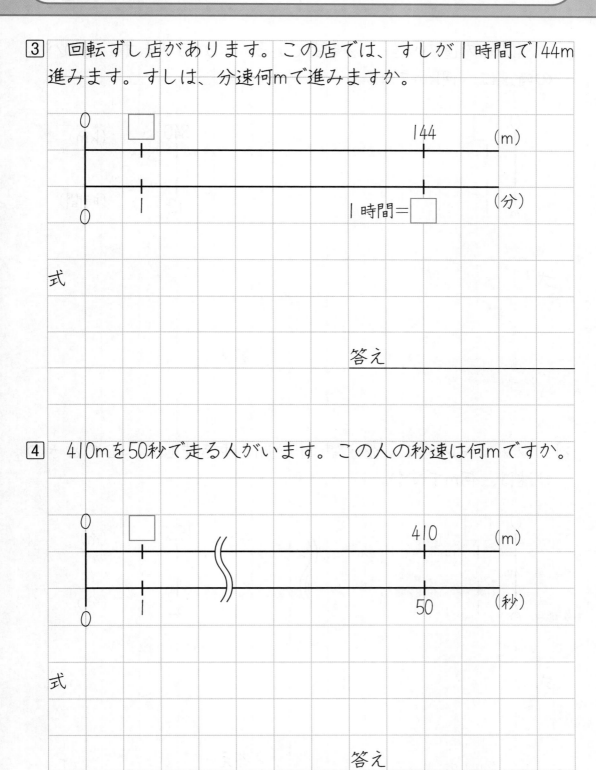

式

答え

④　410mを50秒で走る人がいます。この人の秒速は何mですか。

式

答え

1　840kmの道のりを、12時間で走るバスがあります。このバスの時速は、何kmですか。

```
0  □                              840
|──┬──────────────────────────────┤  (km)
|  |                              |
0  |                             12
|──┬──────────────────────────────┤  (時間)
```

式

答え _____

2　ウォーキングで、32分間に1920mを歩きました。このときの分速は、何mですか。

```
0  □                        1920
|──┬──────────────〜〜─────────┤  (m)
|  |                        |
0  |                        32
|──┬──────────────〜〜─────────┤  (分)
```

式

答え _____

③　5秒間で270mを飛ぶヘリコプターに乗りました。このヘリコプターの秒速は、何mですか。

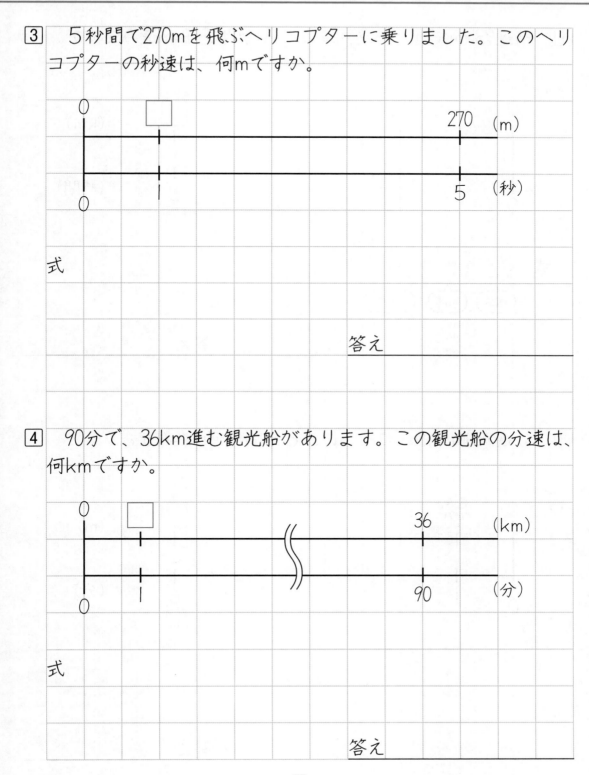

式

答え _____

④　90分で、36km進む観光船があります。この観光船の分速は、何kmですか。

式

答え _____

13 速さ（道のり）

1 時速93kmで進む特急列車は、3時間で何km進みますか。

```
      速さ              道のり
      93               □
0 ├──────┼───────────────┼────── (km)
0 ├──────┼───────────────┼────── (時間)
                         3
                        時間
```

式 $93 \times 3 =$

速さ　時間　道のり

答え _____

2 分速750mで飛ぶカモメは、6分間で何m進みますか。

```
      速さ              道のり
      750              □
0 ├──────┼───────────────┼────── (m)
0 ├──────┼───────────────┼────── (分)
      1                  6
                        時間
```

式

答え _____

3 秒速68mで飛ぶヘリコプターは、25秒間で何m進みますか。

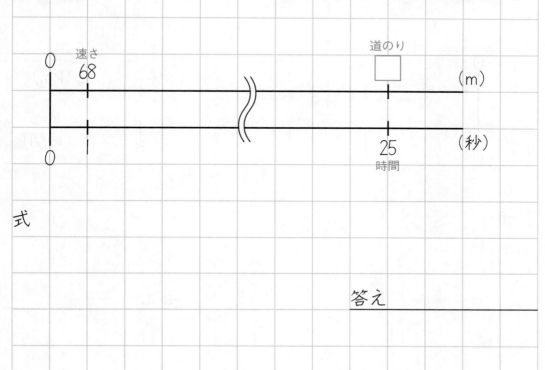

式

答え _____

4 分速0.8kmで走る自動車は、45分間で何km進みますか。

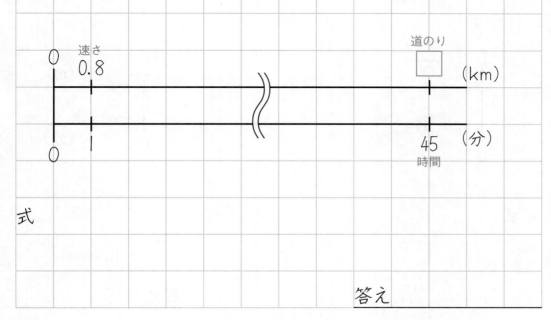

式

答え _____

1 時速93kmで進む特急列車は、3時間で何km進みますか。

0   93   □
|────────|──────────────|── (km)
| |
|────────|──────────────|── (時間)
0   3

式

答え _____

2 分速750mで飛ぶカモメは、6分間で何m進みますか。

0   750   □
|─────|───────────────|── (m)
| |
|─────|───────────────|── (分)
0 | 6

式

答え _____

③　秒速68mで飛ぶヘリコプターは、25秒間で何m進みますか。

```
 0    68                            □
 ├────┼─────────────〜〜─────────┼──────  (m)
 │    ╎                         ╎
 ├────┼─────────────〜〜─────────┼──────  (秒)
 0                              25
```

式

答え _____

④　分速0.8kmで走る自動車は、45分間で何km進みますか。

```
 0   0.8                           □
 ├───┼──────────────〜〜────────────┼────  (km)
 │   ╎                            ╎
 ├───┼──────────────〜〜────────────┼────  (分)
 0                                45
```

式

答え _____

① お父さんは、時速35kmでバイクに乗っています。6時間では、何km進みますか。

```
0      35                          □
├──────┼───────────────────────────┼────── (km)
│      │                           │
├──────┼───────────────────────────┼────── (時間)
0      1                           6
```

式

答え _____

② お母さんは、分速480mで走るバスに乗りました。15分間では、何m進みますか。

```
0   480              ⌇         □
├────┼───────────────⌇─────────┼──── (m)
│    │               ⌇         │
├────┼───────────────⌇─────────┼──── (分)
0    1                        15
```

式

答え _____

82

③　秒速17mで走る馬に乗りました。 1分間では、何m進みますか。

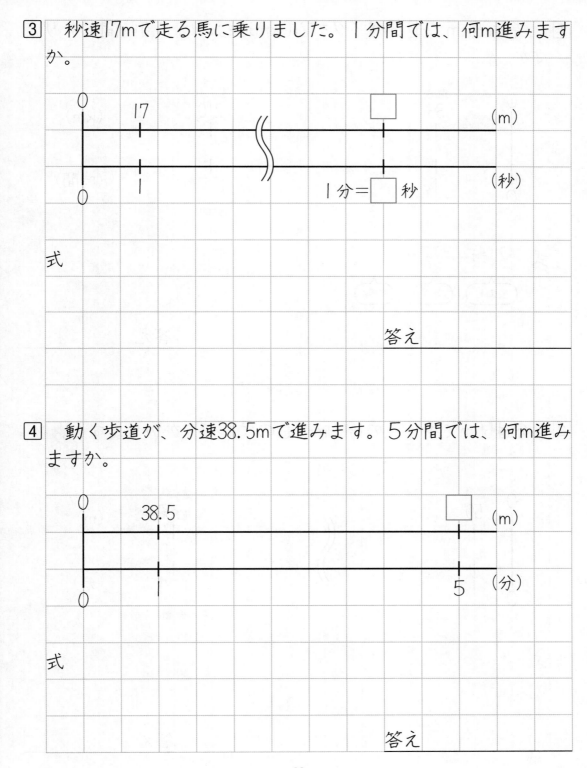

式

答え _____

④　動く歩道が、分速38.5mで進みます。 5分間では、何m進みますか。

式

答え

14 速さ（時間）

① 時速35kmで走るバイクが210km進むのに、何時間かかりますか。

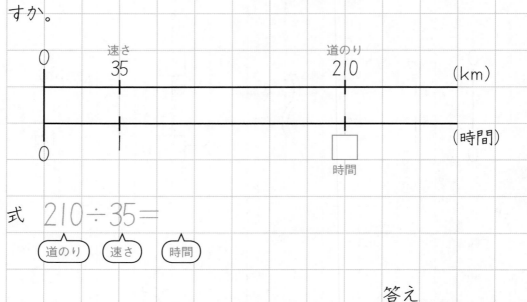

式 210÷35＝

答え _____

② 分速50mで歩く人が1900m進むのに、何分かかりますか。

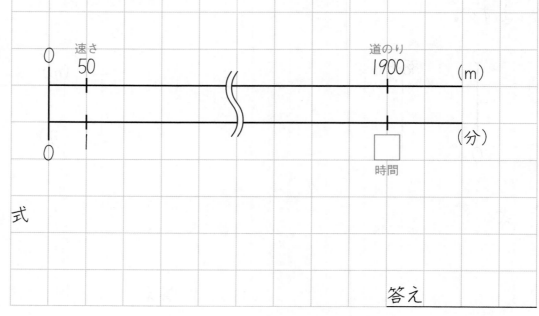

式

答え _____

③ 秒速12mで180m進むのに、何秒かかりますか。

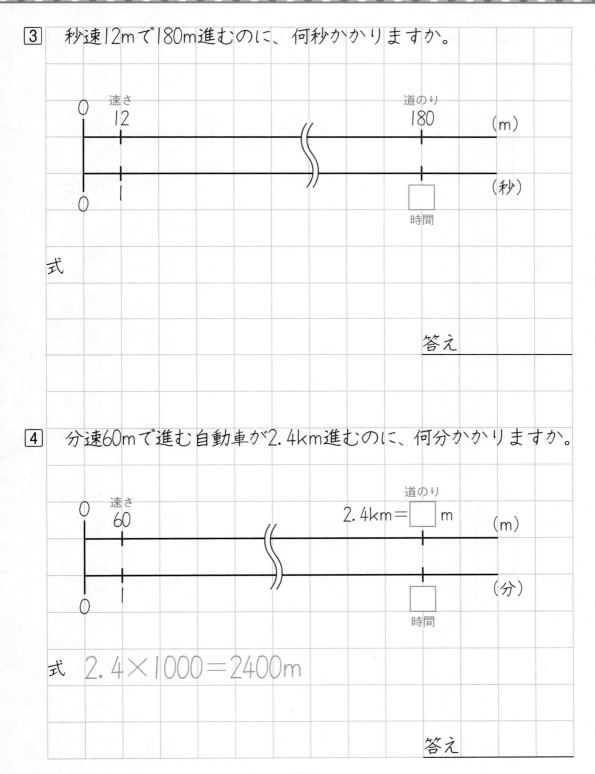

式

答え _____

④ 分速60mで進む自動車が2.4km進むのに、何分かかりますか。

式 2.4×1000＝2400m

答え _____

① 時速35kmで走るバイクが210km進むのに、何時間かかりますか。

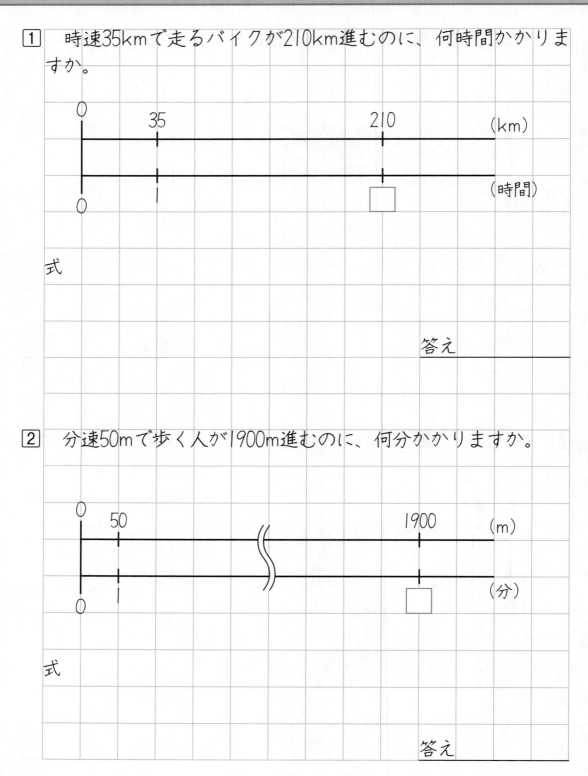

式

答え _____

② 分速50mで歩く人が1900m進むのに、何分かかりますか。

式

答え _____

③　秒速12mで180m進むのに、何秒かかりますか。

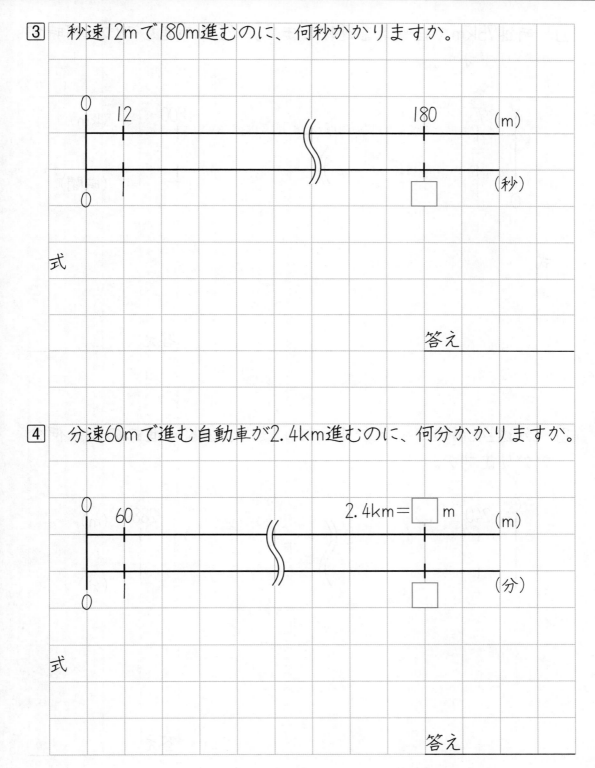

式

答え _____

④　分速60mで進む自動車が2.4km進むのに、何分かかりますか。

式

答え

1　時速75kmで自動車を運転します。1800km進むのに、何時間かかりますか。

```
0    75                  ‖             1800      (km)
|────|──────────────────    ─────────────|──────

0                         ‖             ┌──┐
|────|──────────────────    ─────────────│  │───  (時間)
                                         └──┘
```

式

答え _____

2　分速240mのヨットが走っています。2880m進むのに、何分かかりますか。

```
0    240                ‖              2880   (m)
|────|──────────────────    ─────────────|──────

0                         ‖            ┌──┐
|────|──────────────────    ────────────│  │──  (分)
                                        └──┘
```

式

答え _____

③　時速95kmで走る特急列車に乗りました。1045km進むのに、何時間かかりますか。

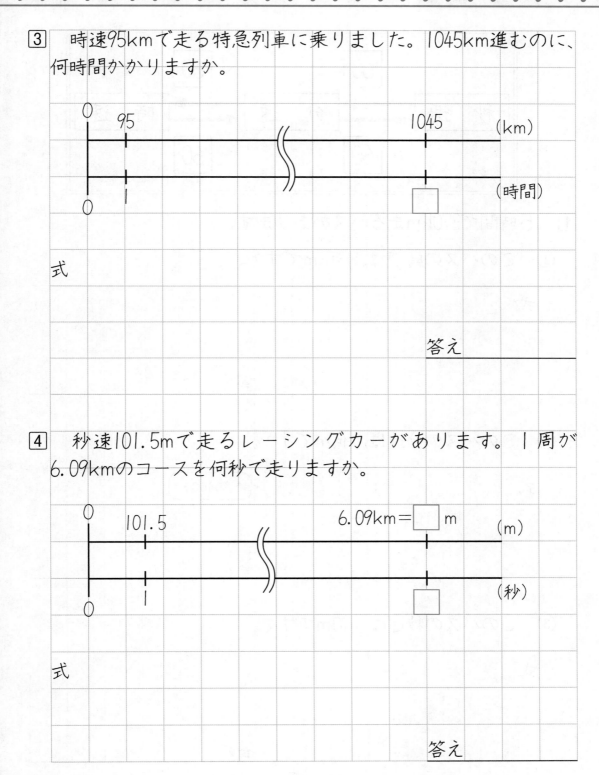

式

答え _____

④　秒速101.5mで走るレーシングカーがあります。1周が6.09kmのコースを何秒で走りますか。

式

答え _____

15 速さ（時速・分速・秒速）

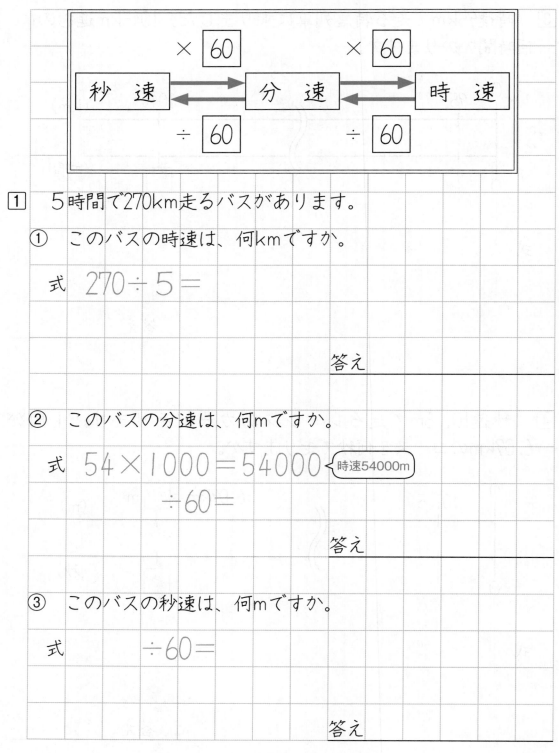

1 5時間で270km走るバスがあります。

① このバスの時速は、何kmですか。

式 270÷5＝

答え _____

② このバスの分速は、何mですか。

式 54×1000＝54000 [時速54000m]

÷60＝

答え _____

③ このバスの秒速は、何mですか。

式 　　　÷60＝

答え _____

2　秒速16mで走る馬がいます。

①　この馬の分速は、何mですか。

式　　　×60＝

答え＿＿＿＿＿＿＿＿＿

②　この馬の時速は、何kmですか。

式

答え＿＿＿＿＿＿＿＿＿

3　表のあいているところを求めましょう。

単位に注意

	秒　速	分　速	時　速
自転車	5 m	m	km
自動車	m	720 m	km
飛行機	m	km	1080km

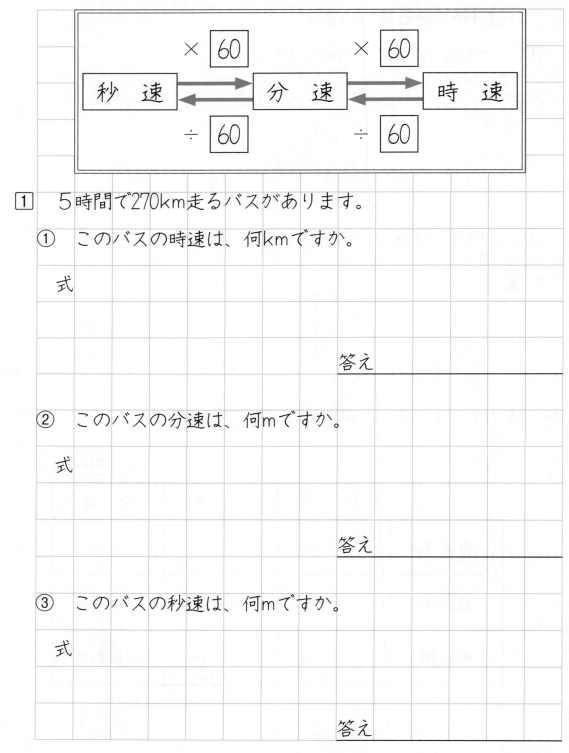

1 5時間で270km走るバスがあります。

① このバスの時速は、何kmですか。

式

答え

② このバスの分速は、何mですか。

式

答え

③ このバスの秒速は、何mですか。

式

答え

② 秒速16mで走る馬がいます。

① この馬の分速は、何mですか。

式

答え _____

② この馬の時速は、何kmですか。

式

答え _____

③ 表のあいているところを求めましょう。

	秒 速	分 速	時 速
自転車	5 m	m	km
自動車	m	720 m	km
飛行機	m	km	1080km

15 速さ（時速・分速・秒速）

1 6時間で540km泳ぐ魚がいます。

① この魚の時速は、何kmですか。

式

答え _____

② この魚の分速は、何kmですか。

式

答え _____

③ この魚の秒速は、何mですか。

式

答え _____

2 時速570kmで飛ぶ飛行機があります。この飛行機の分速は、何kmですか。

式

答え _____

3　秒速14mで走るバイクがあります。

① このバイクの分速は、何mですか。

式

答え _____

② このバイクの時速は、何kmですか。

式

答え _____

4　表のあいているところを求めましょう。

	秒 速	分 速	時 速
新幹線	60 m	m	km
バ ス	m	450 m	km
フェリー	m	m	41.4km

① つばさ君とけんた君の2人は、同じ場所から反対方向へ歩き出しました。つばさ君は分速70m、けんた君は分速60mで歩きます。10分後に2人は何mはなれていますか。

式 $(70+60) \times 10 =$

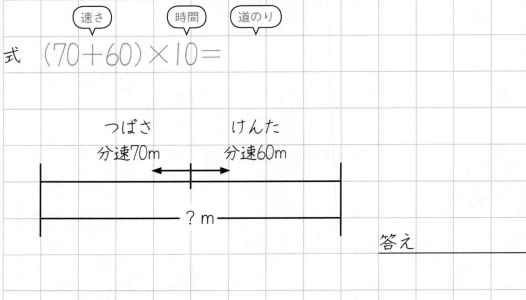

答え _____

② ななみさんとゆうかさんの2人は、同じ場所から反対方向へ歩き出しました。ななみさんは分速70m、ゆうかさんは分速60mで歩きます。2人が1040mはなれるのは、歩き出して何分後ですか。

式

答え _____

③　両親が、95kmはなれたところから同時に向かい合って自転車で移動します。お父さんは時速11km、お母さんは時速8kmで進みます。2人は何時間後に出会いますか。

式

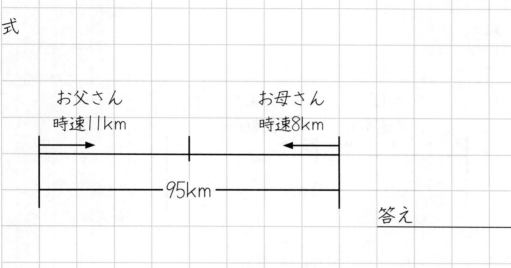

お父さん
時速11km

お母さん
時速8km

95km

答え

④　周囲が3kmの池の周りを、お兄さんと妹が同じ場所から反対方向へ歩き出しました。お兄さんは分速80m、妹は分速70mで歩きます。2人は何分後に出会いますか。

式

お兄さん　　妹
分速80m　　分速70m

答え

① つばさ君とけんた君の2人は、同じ場所から反対方向へ歩き出しました。つばさ君は分速70m、けんた君は分速60mで歩きます。10分後に2人は何mはなれていますか。

式

つばさ　　　けんた
分速70m　　分速60m

? m

答え

② ななみさんとゆうかさんの2人は、同じ場所から反対方向へ歩き出しました。ななみさんは分速70m、ゆうかさんは分速60mで歩きます。2人が1040mはなれるのは、歩き出して何分後ですか。

式

答え

③　両親が、95kmはなれたところから同時に向かい合って自転車で移動します。お父さんは時速11km、お母さんは時速8kmで進みます。2人は何時間後に出会いますか。

式

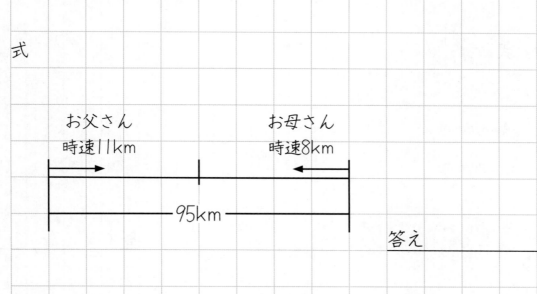

答え

④　周囲が3kmの池の周りを、お兄さんと妹が同じ場所から反対方向へ歩き出しました。お兄さんは分速80m、妹は分速70mで歩きます。2人は何分後に出会いますか。

式

答え

99

1　お兄さんと弟の2人は、同じ場所から反対方向へ歩き出しました。お兄さんは分速72m、弟は分速65mで歩きます。8分後に2人は何mはなれていますか。

式

答え _____

2　お姉さんと妹の2人は、同じ場所から反対方向へ歩き出しました。お姉さんは分速64m、妹は分速51mで歩きます。2人が1380mはなれるのは、歩き出して何分後ですか。

式

答え _____

3 　かえでさんとたくみ君が、12.6kmはなれたところから同時に向かい合って走り出しました。かえでさんは分速0.4km、たくみ君は分速0.5kmで走ります。2人は何分後に出会いますか。

式

答え

4 　周囲が5.8kmの建物の周りを、わたる君とあやかさんが同じ場所から反対方向へ歩き出しました。わたる君は分速63m、あやかさんは分速53mで歩きます。2人は何分後に出会いますか。

式

答え

⑤ 単位量あたり
答　え

答えの数直線の□には、わかりやすいように数字を入れています。ここは、答えていなくてもかまいません。

【P.6～7，8～9】

1　平均を求める（1）

1　$(53+56+55+58+53) \div 5 = 55$

　　　　　　　　　答え　55g

2　$(84+76+78+82) \div 4 = 80$

　　　　　　　　　答え　80mL

3　$(3+6+4+0+9+5) \div 6 = 27 \div 6$

　　　　　　　　　　　　　$= 4.5$

　　　　　　　　　答え　4.5点

4　$(4+3+2+0+2) \div 5 = 2.2$

　　　　　　　　　答え　2.2人

おうちの方へ　平均＝合計÷個数をくり返し練習しましょう。34のように、数が0であっても、個数には含まれます。

【P.10～11】

1　平均を求める（1）

1　$(89+99+95+92+104+97) \div 6 = 96$

　　　　　　　　　答え　96g

2　$(28+31+27+32+31) \div 5 = 29.8$

　　　　　　　　　答え　29.8cm

3　$(2+3+5+0+2+3) \div 6 = 15 \div 6$

　　　　　　　　　　　　　$= 2.5$

　　　　　　　　　答え　2.5点

4　$(176+161+165+154) \div 4 = 164$

　　　　　　　　　答え　164cm

【P.12～13，14～15】

2　平均を求める（2）

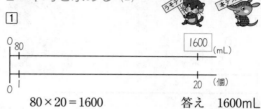

1

$80 \times 20 = 1600$　　　　答え　1600mL

2　①　$1740 \div 30 = 58$　　　答え　58g

　　②　$58 \times 50 = 2900$　　答え　2900g

3

$85 \times 3 = 255$　　　　答え　255点

4　①　$76 \times 3 = 228$　　　答え　228点

　　②　$80 \times 4 = 320$

　　　　$320 - 228 = 92$　　答え　92点以上

おうちの方へ　1あたりの数量（平均）から全体の量を求める問題です。平均を求めるのか、全体を求めるのかに着目させましょう。

【P.16～17】

2　平均を求める（2）

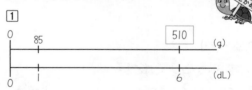

1

$85 \times 6 = 510$　　　　答え　510g

2　①　$1330 \div 7 = 190$　　　答え　190g

　　②　$190 \times 30 = 5700$　　答え　5700g

3

$13 \times 7 = 91$　　　　答え　91人

4　①　$77 \times 4 = 308$　　　答え　308点

　　②　$80 \times 5 = 400$

　　　　$400 - 308 = 92$　　答え　92点

103

3 単位あたりで比べる (1)

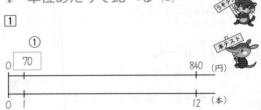

1

①

0 | 1.5 | 9 (ひき)

0 | 1 | 6 (m²)

$$9 \div 6 = 1.5$$

答え　1.5ひき

②

0 | 1.6 | 8 (ひき)

0 | 1 | 5 (m²)

$$8 \div 5 = 1.6$$

答え　1.6ぴき

③　　　　　　　　　　　　答え　Bの小屋

2　特急電車：$992 \div 8 = 124$

　　急行電車：$726 \div 6 = 121$

答え　特急電車

3　C：$80 \div 150 = 0.53\cdots$

　　D：$96 \div 160 = 0.6$

答え　Dのプール

> **おうちの方へ**　1 m²（両）あたりに
> 何人いるかを求めます。1 m²（両）あ
> たりの数が大きいということは、それだ
> けこんでいることになります。

3 単位あたりで比べる (1)

1　A：$14 \div 8 = 1.75$

　　B：$16 \div 10 = 1.6$

答え　Aの小屋

2　C：$18 \div 25 = 0.72$

　　D：$15 \div 20 = 0.75$

答え　Dの部屋

3　東小学校：$125 \div 4 = 31.25$

　　西小学校：$98 \div 3 = 32.6\cdots$

答え　西小学校のバス

4　E：$27 \div 18 = 1.5$

　　F：$35 \div 21 = 1.66\cdots$

答え　Fのすな場

4 単位あたりで比べる (2)

1

①

0 | 70 | 840 (円)

0 | 1 | 12 (本)

$$840 \div 12 = 70$$

答え　70円

②

0 | 72 | 720 (円)

0 | 1 | 10 (本)

$$720 \div 10 = 72$$

答え　72円

③　　　　　　　　　　　　答え　ボールペン

2　A：$4500 \div 5 = 900$

　　B：$7200 \div 6 = 1200$

答え　Bのカーテン

3　ぶた肉：$1000 \div 4 = 250$

　　牛肉　：$1200 \div 3 = 400$

答え　牛肉

> **おうちの方へ**　1本（m）あたりの値
> 段を求め、どちらが高いかを比べます。
> 3は、100gあたりを求め、値段を比べ
> ます。

4 単位あたりで比べる (2)

1　A：$960 \div 8 = 120$

　　B：$1500 \div 12 = 125$

答え　Bのノート

2　C県：$1800 \div 5 = 360$

　　D県：$1050 \div 3 = 350$

答え　C県のお米

③ 赤色：$990 \div 22 = 45$

　　黄色：$720 \div 15 = 48$

　　　　　　　　　　答え　黄色のリボン

④ りんご：$3630 \div 22 = 165$

　　なし：$2790 \div 18 = 155$

　　　　　　　　　　　　答え　りんご

【P.30～31，32～33】

5　単位あたりで比べる (3)

①

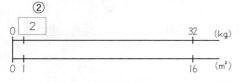

　　　$27 \div 15 = 1.8$　　　　答え　1.8kg

②

2		

　　　$32 \div 16 = 2$　　　　答え　2kg

③　　　　　　　　　答え　東小学校

② あめ：$675 \div 45 = 15$

　　ガム：$540 \div 30 = 18$

　　　　　　　　　　　　答え　ガム

③ ゆうま君　　：$5.8 \div 3 = 1.93\cdots$

　　みさきさん：$6.5 \div 5 = 1.3$

　　　　　　　　　　　答え　ゆうま君

おうちの方へ　1 ㎡（個）あたりを
求めて比べる問題です。
　商がわり切れない問題では、大小の比
較ができるところまで計算します。

【P.34～35】

5　単位あたりで比べる (3)

① 1年生：$240 \div 3.2 = 75$

　　2年生：$266 \div 3.5 = 76$

　　　　　　　　　　　　答え　2年生

---

② A：$24 \div 15 = 1.6$

　　B：$28.5 \div 19 = 1.5$

　　　　　　　　　　　　答え　Aの畑

③ 自動車：$700 \div 40 = 17.5$

　　軽トラック：$623 \div 35 = 17.8$

　　　　　　　　　　答え　軽トラック

④ しょうた君：$337 \div 6 = 56.16\cdots$

　　ひなさん：$462 \div 8.4 = 55$

　　　　　　　　　　答え　しょうた君

【P.36～37，38～39】

6　単位あたりで比べる (4)

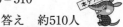

①　$51000000 \div 100000 = 510$

　　　　　　　　　答え　約510人

②　$127000000 \div 380000 = 334.21\cdots = 334$

　　　　　　　　　答え　約334人

③　　　　　　答え　韓国（かんこく）

② A市：$330000 \div 220 = 1500$

　　B市：$290000 \div 200 = 1450$

　　　　　　　　　　　　答え　A市

③ 京都府：$2600000 \div 4600 = 565.2\cdots = 570$

　　奈良県：$1350000 \div 3700 = 364.8\cdots = 360$

　　　　　　答え　京都府　約570人

　　　　　　　　　奈良県　約360人

おうちの方へ　表の単位に注意しまし
ょう。人口・面積の数は端数を四捨五入
しています。韓国は、2018年冬季オリン
ピックが開催されました。

【P.40～41】

6　単位あたりで比べる (4)

① A町：$17200 \div 8 = 2150$

　　B町：$36000 \div 15 = 2400$

　　　　　　　答え　A町　2150人／km²

　　　　　　　　　B町　2400人／km²

② C市：$1800000 \div 720 = 2500$

　　D市：$2000000 \div 1000 = 2000$

答え　C市

③ 福岡市：$1500000 \div 340 = 4411.76\cdots$

　　名古屋市：$2300000 \div 330 = 6969.69\cdots$

答え　名古屋市

④ 横浜市：$3700000 \div 440 = 8409.09\cdots = 8400$

　　神戸市：$1550000 \div 560 = 2767.85\cdots = 2800$

答え　横浜市　8400人
神戸市　2800人

【P.42 ～43，44 ～45】

7　全体を求める（1）

①

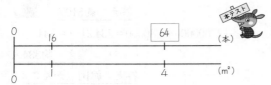

$16 \times 4 = 64$　　　　　　　　答え　64本

②

$2.5 \times 8 = 20$　　　　　　　答え　20dL

③

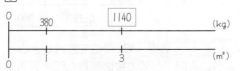

$380 \times 3 = 1140$　　　　　　答え　1140kg

④

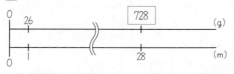

$26 \times 28 = 728$　　　　　　答え　728g

> **おうちの方へ**　1㎡（m）あたりの数量から全体を求める問題です。数直線を利用し、全体が1あたりの何倍にあたるかに目を向け、立式させましょう。

【P.46 ～47】

7　全体を求める（1）

①

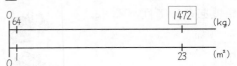

$17 \times 18 = 306$　　　　　　答え　306g

②

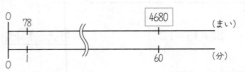

$64 \times 23 = 1472$　　　　　　答え　1472kg

③

$78 \times 60 = 4680$　　　　　　答え　4680まい

④

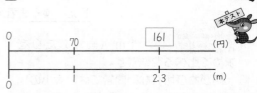

$270 \times 71 = 19170$　　　　　答え　19170円

【P.48 ～49，50 ～51】

8　全体を求める（2）

①

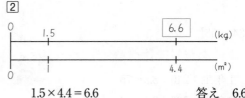

$70 \times 2.3 = 161$　　　　　　答え　161円

②

$1.5 \times 4.4 = 6.6$　　　　　　答え　6.6kg

3

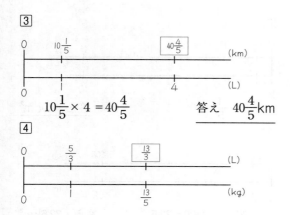

$10\frac{1}{5} \times 4 = 40\frac{4}{5}$ 　　　答え　$40\frac{4}{5}$ km

4

$\frac{5}{3} \times \frac{13}{5} = \frac{13}{3}\left(4\frac{1}{3}\right)$ 　　答え　$\frac{13}{3}\left(4\frac{1}{3}\right)$ L

> **おうちの方へ**　小数倍、分数倍から全体を求める問題です。考え方は整数倍と同じです。数直線を使い、１あたりの何倍にあたるかに目を向けさせましょう。

【P.52〜53】

8　全体を求める（2）

1

$85 \times 3.8 = 323$ 　　　　　答え　323円

2

$1.15 \times 8.2 = 9.43$ 　　　　答え　9.43kg

3

$\frac{3}{7} \times 3\frac{1}{9} = \frac{4}{3}\left(1\frac{1}{3}\right)$ 　答え　$\frac{4}{3}\left(1\frac{1}{3}\right)$ L

4

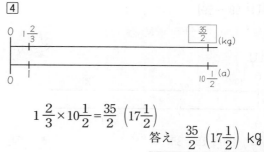

$1\frac{2}{3} \times 10\frac{1}{2} = \frac{35}{2}\left(17\frac{1}{2}\right)$

答え　$\frac{35}{2}\left(17\frac{1}{2}\right)$ kg

【P.54〜55, 56〜57】

9　いくつ分を求める（1）

1

$1980 \div 220 = 9$ 　　　　　答え　9 m

2

$1380 \div 230 = 6$ 　　　　　答え　6 L

3

$96 \div 16 = 6$ 　　　　　　答え　6 m²

4

$196 \div 28 = 7$ 　　　　　　答え　7 m

> **おうちの方へ**　いくつ分にあたるかを求める計算は、何倍かを求める問題と同じです。平易な数で練習するのも、理解を深めるのに効果的です。

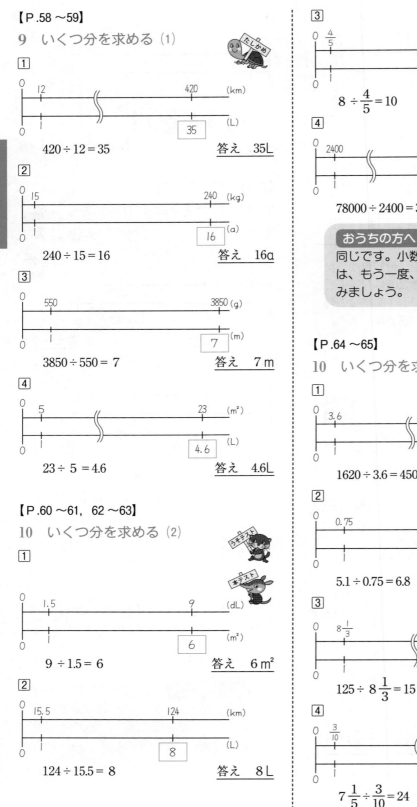

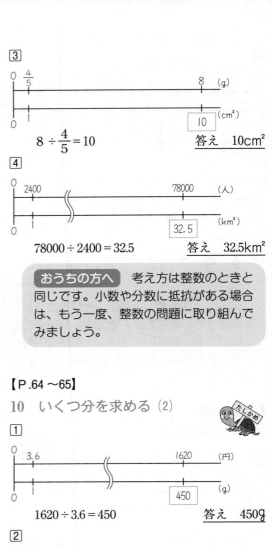

【P.58〜59】

9 いくつ分を求める（1）

1

0 ── 12 ─────── 420 (km)
0 ──────────── (L)
35

$420 \div 12 = 35$　　　　　答え　35L

2

15 ─────── 240 (kg)
──────────── (a)
16

$240 \div 15 = 16$　　　　　答え　16a

3

0 ── 550 ─────── 3850 (g)
0 ──────────── (m)
7

$3850 \div 550 = 7$　　　　　答え　7m

4

0 ── 5 ─────── 23 (m²)
0 ──────────── (L)
4.6

$23 \div 5 = 4.6$　　　　　答え　4.6L

【P.60〜61, 62〜63】

10 いくつ分を求める（2）

1

0 ── 1.5 ─────── 9 (dL)
0 ──────────── (m²)
6

$9 \div 1.5 = 6$　　　　　答え　6m²

2

0 ── 15.5 ─────── 124 (km)
0 ──────────── (L)
8

$124 \div 15.5 = 8$　　　　　答え　8L

3

0 ── $\frac{4}{5}$ ─────── 8 (g)
0 ──────────── (cm²)
10

$8 \div \frac{4}{5} = 10$　　　　　答え　10cm²

4

0 ── 2400 ─────── 78000 (人)
0 ──────────── (km²)
32.5

$78000 \div 2400 = 32.5$　　　　答え　32.5km²

おうちの方へ　考え方は整数のときと同じです。小数や分数に抵抗がある場合は、もう一度、整数の問題に取り組んでみましょう。

【P.64〜65】

10 いくつ分を求める（2）

1

0 ── 3.6 ─────── 1620 (円)
0 ──────────── (g)
450

$1620 \div 3.6 = 450$　　　　　答え　450g

2

0 ── 0.75 ─────── 5.1 (kg)
0 ──────────── (L)
6.8

$5.1 \div 0.75 = 6.8$　　　　　答え　6.8L

3

0 ── $8\frac{1}{3}$ ─────── 125 (km)
0 ──────────── (L)
15

$125 \div 8\frac{1}{3} = 15$　　　　答え　15L

4

0 ── $\frac{3}{10}$ ─────── $7\frac{1}{5}$ (m²)
0 ──────────── (dL)
24

$7\frac{1}{5} \div \frac{3}{10} = 24$　　　　答え　24dL

【P.66～67，68～69】

11　小数倍・分数倍

1

①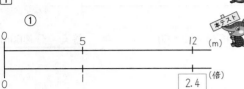

$$12 \div 5 = 2.4$$

答え　2.4倍

②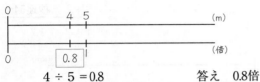

$$4 \div 5 = 0.8$$

答え　0.8倍

2　$9.1 \div 7 = 1.3$　　　　　答え　1.3倍

3

①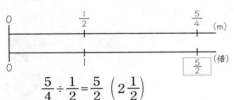

$$\frac{5}{4} \div \frac{1}{2} = \frac{5}{2} \left(2\frac{1}{2} \right)$$

答え　$\frac{5}{2} \left(2\frac{1}{2} \right)$ 倍

②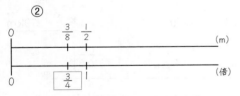

$$\frac{3}{8} \div \frac{1}{2} = \frac{3}{4}$$

答え　$\frac{3}{4}$倍

4　$\dfrac{4}{9} \div \dfrac{5}{6} = \dfrac{8}{15}$　　答え　$\dfrac{8}{15}$倍

【P.70～71】

11　小数倍・分数倍

1

①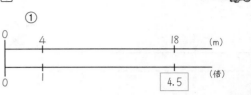

$$18 \div 4 = 4.5$$

答え　4.5倍

②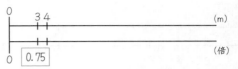

$$3 \div 4 = 0.75$$

答え　0.75倍

2　$4.5 \div 9 = 0.5$　　　　　答え　0.5倍

3

①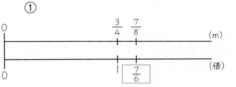

$$\frac{7}{8} \div \frac{3}{4} = \frac{7}{6} \left(1\frac{1}{6} \right)$$　答え　$\dfrac{7}{6} \left(1\frac{1}{6} \right)$ 倍

②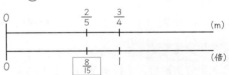

$$\frac{2}{5} \div \frac{3}{4} = \frac{8}{15}$$

答え　$\dfrac{8}{15}$倍

4　$\dfrac{5}{6} \div \dfrac{3}{5} = \dfrac{25}{18} \left(1\frac{7}{18} \right)$　答え　$\dfrac{25}{18} \left(1\frac{7}{18} \right)$ 倍

> **おうちの方へ**　小数や分数でも、いくつ分を求める考え方は、整数のときと同じです。戸惑いが見られる場合は、整数の問題をくり返し行いましょう。

答え

12 速さ（単位時間あたり）

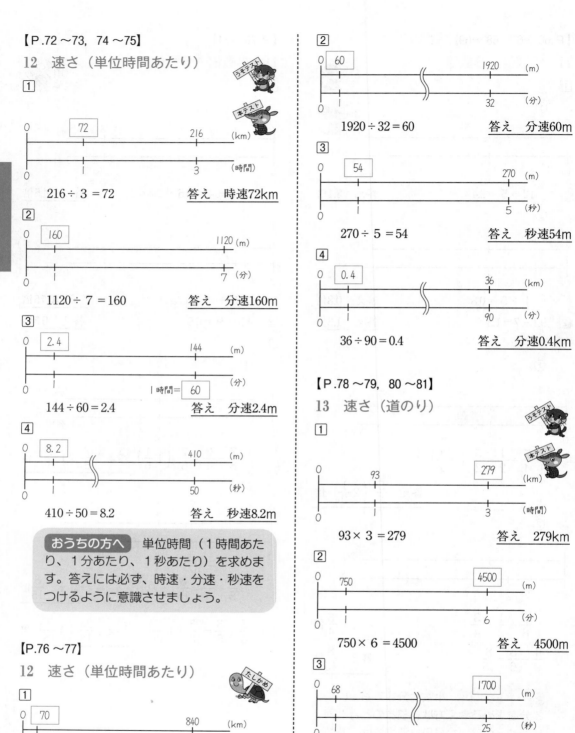

①
$$216 \div 3 = 72$$
答え　時速72km

②
$$1120 \div 7 = 160$$
答え　分速160m

③
$$144 \div 60 = 2.4$$
答え　分速2.4m

④
$$410 \div 50 = 8.2$$
答え　秒速8.2m

> **おうちの方へ** 単位時間（1時間あたり、1分あたり、1秒あたり）を求めます。答えには必ず、時速・分速・秒速をつけるように意識させましょう。

12 速さ（単位時間あたり）

①
$$840 \div 12 = 70$$
答え　時速70km

②
$$1920 \div 32 = 60$$
答え　分速60m

③
$$270 \div 5 = 54$$
答え　秒速54m

④
$$36 \div 90 = 0.4$$
答え　分速0.4km

13 速さ（道のり）

①
$$93 \times 3 = 279$$
答え　279km

②
$$750 \times 6 = 4500$$
答え　4500m

③
$$68 \times 25 = 1700$$
答え　1700m

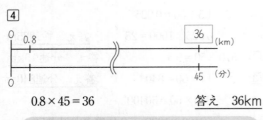

4

0   0.8   36 (km)
├────┼──────────────╱╱──────────┤
0 | 45 (分)

0.8 × 45 = 36   答え　36km

おうちの方へ　これまでと同様に、1あたり（単位時間）から全体（道のり）を求めます。

【P.82 ～83】

13　速さ（道のり）

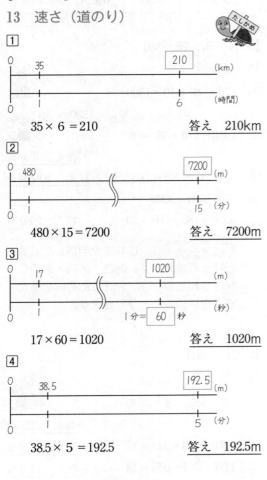

1

0   35   210
├────┼──────────────╱╱────┤ (km)
0 | 6 (時間)

35 × 6 = 210   答え　210km

2

0   480   7200 (m)
├────┼──────────╱╱────────┤
0 | 15 (分)

480 × 15 = 7200   答え　7200m

3

0   17   1020
├────┼──────────╱╱────────┤ (m)
0 | 1分 = 60 秒 (秒)

17 × 60 = 1020   答え　1020m

4

0   38.5   192.5 (m)
├────┼──────────────────┤
0 | 5 (分)

38.5 × 5 = 192.5   答え　192.5m

【P.84 ～85，86 ～87】

14　速さ（時間）

1

0   35   210
├────┼─────────┼──────── (km)
0 | 6 (時間)

---

210 ÷ 35 = 6   答え　6時間

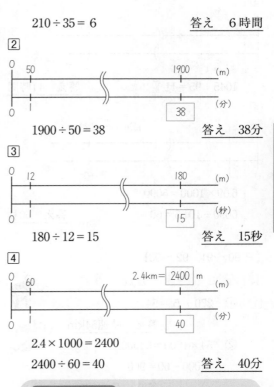

2

0   50   1900 (m)
├────┼──────────╱╱───────┤
0 | 38 (分)

1900 ÷ 50 = 38   答え　38分

3

0   12   180 (m)
├────┼──────────╱╱───────┤
0 | 15 (秒)

180 ÷ 12 = 15   答え　15秒

4

0   60   2.4km = 2400 m (m)
├────┼──────────╱╱───────┤
0 | 40 (分)

2.4 × 1000 = 2400

2400 ÷ 60 = 40   答え　40分

おうちの方へ　1時間あたり、1分あたり、1秒あたりを求めます。単位にも注意させましょう。また、1km＝1000mもおさえましょう。

【P.88 ～89】

14　速さ（時間）

1

0   75   1800 (km)
├────┼──────────╱╱───────┤
0 | 24 (時間)

1800 ÷ 75 = 24   答え　24時間

2

0   240   2880 (m)
├────┼──────────╱╱───────┤
0 | 12 (分)

2880 ÷ 240 = 12   答え　12分

答え

3

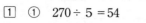

$1045 \div 95 = 11$ 　　　　　答え　11時間

4

$6.09 \times 1000 = 6090$

$6090 \div 101.5 = 60$ 　　　　　答え　60秒

【P.90〜91，92〜93】

15　速さ（時速・分速・秒速）

1 ① $270 \div 5 = 54$

答え　時速54km

② $54 \times 1000 = 54000$

$54000 \div 60 = 900$

答え　分速900m

③ $900 \div 60 = 15$ 　　　答え　秒速15m

2 ① $16 \times 60 = 960$ 　　　答え　分速960m

② $960 \times 60 = 57600$

$57600 \div 1000 = 57.6$ 答え　時速57.6km

3

	秒　速	分　速	時　速
自転車	5m	300m	18km
自動車	12m	720m	43.2km
飛行機	300m	18km	1080km

おうちの方へ　時速⇔分速⇔秒速の関係をおさえましょう。設問にある単位に常に目を向けさせましょう。

【P.94〜95】

15　速さ（時速・分速・秒速）

1 ① $540 \div 6 = 90$

答え　時速90km

② $90 \div 60 = 1.5$ 　　　答え　分速1.5km

③ $1.5 \div 60 = 0.025$

$0.025 \times 1000 = 25$ 　　　答え　秒速25m

2 $570 \div 60 = 9.5$ 　　　答え　分速9.5km

3 ① $14 \times 60 = 840$ 　　　答え　分速840m

② $840 \times 60 = 50400$

$50400 \div 1000 = 50.4$ 答え　時速50.4km

4

	秒　速	分　速	時　速
新幹線	60m	3600m	216km
バ　ス	7.5m	450m	27km
フェリー	11.5m	690m	41.4km

【P.96〜97，98〜99】

16　旅人算

1 $(70 + 60) \times 10 = 1300$

答え　1300m

2 $1040 \div (70 + 60) = 8$

答え　8分後

3 $95 \div (11 + 8) = 5$ 　　　答え　5時間後

4 $3 \times 1000 = 3000$

$3000 \div (80 + 70) = 20$ 　　　答え　20分後

おうちの方へ　これまで学習した公式を使って求めます。速さ・時間・道のりをきちんとつかみ、公式にあてはめると答えを求めることができます。

【P.100〜101】

16　旅人算

1 $(72 + 65) \times 8 = 1096$

答え　1096m

2 $1380 \div (64 + 51) = 12$ 　　　答え　12分後

3 $12.6 \div (0.4 + 0.5) = 14$ 　　　答え　14分後

4 $5.8 \times 1000 = 5800$

$5800 \div (63 + 53) = 50$ 　　　答え　50分後